수학에서 꺼낸 여행

수학의 황금기를 이룬 근현대 수학을 만나다

수학에서 꺼낸 여행

프랑스, 영국
미국으로 떠나는
수학문화 기행

안소정 지음

Humanist

| 머리말 |

근현대 수학의 발자취를 따라 다시 배낭을 꾸리다

이집트에서 시작한 수학 문화 기행이 이번에는 프랑스, 영국을 거쳐 미국으로 이어진다. 처음에 피라미드 한번 보겠다고 이집트로 훌쩍 떠난 발길이 그리스·이탈리아·인도에까지 닿은 덕에 고대부터 중세·르네상스 시대의 수학을 만날 수 있었고, 그 여행은 문명과 수학의 만남을 주제로 한 책 《배낭에서 꺼낸 수학》을 통해 소개했다. 그런데 고맙게도 독자와 수학 선생님 들이 그다음 여행을 궁금해했고, 한동안 충전의 시간을 보내던 내가 다시 배낭을 메고 지구 반대편으로 길을 나선 것이다. 이번 여행에서는 르네상스 시대 다음인 17세기의 수학부터 수학의 황금기를 이룬 근현대 수학까지 둘러보기로 마음먹었다.

전편에서는 문명의 발자취를 따라 여행하면서 16세기에 숫자와 계산법이 표준화되고 기호 대수가 발전했으며 3차, 4차방정식 해법이 풀려 방정식 이론이 크게 발전한 것을 확인했다. 이런 성과들은 다음 세기에 수학의 놀라운 발전을 이루는 기반이 되었다. 근대 수학이 밝아오던 17세기에 수학의 새롭고 다양한 분야가 탄생하고 놀라운 업적들이 쏟아져 나왔다. 네이피어가 로그를 발명하고 페르마가 현대 정수론의 기초를 마련했으며 데카르트의 해석기하학, 뉴턴과 라이프니츠의 미적분학은 획기적인 수학 역사의 시대를 열었다. 2000년 동안 진리로 믿어 온 유클리드 기하학이 무너지고 새로운 수학의 시대가 열리면서 근현대 수학이 황금기를 맞은 것이다.

수학은 문명과 함께 발전하며 시대 상황을 반영한다. 그래서 수학을 잘 이해하려면 그 시대의 역사 및 문화를 살피는 것이 중요하고 수학사의 현장을 둘러보는 여행도 큰 도움이 된다. 유럽에서 인간의 권리와 의식을 높이고자 일어난 르네상스와 종교개혁은 17, 18세기 계몽주의에 기초한 지적 운동과 학문의 발전으로 이어졌고 과학혁명과 함께 수학의 황금시대를 열었다. 이런 수학의 역사를 따라가는 내 여행은 자연스럽게 17세기 수학의 가장 큰 무대인 프랑스로 먼저 향했다. 프랑스에서는 데카르트, 파스칼, 페르마 같은 위대한 수학자들의 흔적을 만나며 혁명과 전쟁 속에서도 찬란하게 꽃핀 수학을 둘러볼 수 있다. 그곳에서 도버해협을 건너 산업혁명의 발상지인 영국으로 가면 뉴턴의 미적분학을 비롯해 네이피어의 로그와 튜링의 컴퓨터를 만나고, 통계학과 집합론과 수리논리학 분야 등을 돌아보는 시간도 즐긴다. 그리고 마지막 여행은 대서양 너머의 미국에서 첨단 건축물과 예술품을 둘러보면서 위상수학, 프랙털 이론 같은 현대 수학의 세계를 접하고 밀레니엄 수학 문제도 살펴본다.

근현대 문명과 수학의 발자취를 따라 떠난 여행은 내게 지식일 뿐이던 수학을 살아 있는 수학이 되도록 해 주었다. 인류의 역사와 수학사의 무대는 다르지 않았다. 수학이 인류의 발전과 함께하며 이바지한 장면을 직접 보고 깨달을 수 있었다. 수학사에 등장하는 많은 수학자를 만나는 동안 수학에 대한 그들의 무한한 열정을 느낄 수 있었다. 여행이 끝날 때쯤에는 위대한 건축물이나 예술품뿐만 아니라 날씨, 금융, 게임, 지도 등 우리가 사는 세상의 모든 것이 수학과 연결된다는 생각이 들었다. 갈릴레오는 "자연이라는 위대한 책은 그것을 쓴 언어를 이해하는 사람만 읽을 수 있다. 그리고 그 언어는 수학이다."라고 말했다. 수학을 모르면 자연과 세계를 이해할 수 없다는 말이다. 즉 우리가 사는 세상을 알아 가는 발걸음은 수학에서 시작해야 한다. 현대사회를 살아가며 미래를 꿈꾼다면 더더욱 수학을 이해해야 한다. 세상이 아주 빠르게 변하고 있으며 무한한 가능성을 지닌 그 변화의 중심에 수학이 자리하기 때문이다. 우리가 손에서 놓지 못하는 스마트폰만 봐도 수학이 이끄는 빠른 변화를 절실히 느낄 수 있다.

지금 우리 눈앞에 펼쳐지는 일들은 수학사에서 고대 그리스의 수학과 17세기 과학혁명에 비길 만큼 중요하게 여겨진다. 350여 년 만에 페르마의 마지막 정리가 증명되고 푸앵카레 추측도 풀렸다. 밀레니엄 문제 중 가장 어렵다는 리만 가설이 가까운 미래에 풀릴지도 모른다. 그러면 소수 체계의 비밀이 판도라의 상자처럼 열리며 수학이 미처 예견하지 못한 방향으로 나갈 수도 있다. 튜링이 창안한 인공지능 컴퓨터는 이제 인간과 바둑 대결까지 벌인다. 아인슈타인이 100년 전에 일반상대성이론으로 예견한 중력파가 최근 검출돼, 우주로 향한 인류의 꿈을 이룰 날도 앞당겨졌다. 수학적인 상상력과 실천이 미래를 만들고 있다.

그런데 우리 사회에서는 여전히 수학을 입시를 잘 치르기 위해 배우는 과목으로만 여기는 것 같아 안타깝다. 세계수학자대회가 서울에서 열리기도 하고 학업성취도평가에서는 우리 청소년의 수학 실력이 세계 최고

수준을 자랑한다지만 수학을 싫어하고 포기하는 청소년이 점점 많아지고 있다. '수학 포기자'가 된 이들에게 수학의 진면목을 생생히 전달하며 그 재미를 알려 주고 싶다. 여행을 통해 수학을 쉽고 가벼운 마음으로 이해할 수 있으며, 수학의 눈으로 여행의 새로운 면이 보일 것이다. 이 책의 독자들이 수학에 흥미가 생긴다면 그보다 뿌듯한 일이 있을까? 이 책에 등장하는 수많은 수학자 중 한 사람이라도 닮고 싶어진다면 그보다 더 큰 보람이 있을까?

사실 전편보다 좀 더 이해하기 쉽게 쓰자고 다잡은 마음은 글을 쓰면서 곧 무너졌다. 근현대 수학이 워낙 방대한 데다 어려운 내용도 많아서 여행기까지 딱딱해진 것 같다. 여행기를 기대한 독자에게는 복잡한 수학 이야기가 실망을 불러일으키고, 수학의 역사를 제대로 보려던 독자에게는 내용이 부족하다는 불평을 터트리게 할지도 모르겠다. 아쉽지만 못다 쓴 이야기들은 책의 행간에 둔 채 글을 맺을 수밖에 없다. 부디 독자들의 배낭에는 더 많은 이야기와 수학이 채워지기를 바란다. 이 책을 완성하기까지, 고대에서부터 중세와 르네상스를 거쳐 근대와 현대 수학에 이르는 여행과 글쓰기 작업에 어느덧 10년 세월이 고스란히 걸렸다. 여행길이 설레고 즐거운 것만은 아니어서 때때로 고달프기도 했지만, 돌이켜 보면 모두 아름다운 추억이자 배움의 과정이다. 좋은 편집자와 인연을 맺어 호흡을 맞추고 책을 만들면서도 배운 것이 많다. 《배낭에서 꺼낸 수학》에 이어 변치 않는 열정으로, 손이 많이 가는 원고와 사진 자료를 꼼꼼히 살펴 책을 만드느라 애쓴 휴머니스트 편집부에 감사 인사를 드린다.

2016년 3월

안소정

| 차례 |

에펠탑에서 기하학을 만나다 1

프랑스 수학 1

1

에펠탑 곡선이 그리는 데카르트의 기하학

센 강은 파리의 한가운데를 흐르고

르네상스 시대를 거치고 17세기에 이르러 수학은 가장 빛나는 시기를 맞았다. 그 화려한 서막은 유럽의 중심에 자리한 프랑스에서 열렸다. 프랑스에서 수학 활동이 가장 활발하던 이 시기부터 200여 년 동안 큰 업적으로 역사에 이름을 남긴 프랑스의 수학자는 데카르트René Descartes, 페르마Pierre de Fermat, 파스칼Blaise Pascal을 비롯해 서른 명이 넘는다. 이들은 대부분 오랫동안 유럽 문화의 중심지였던 파리를 중심으로 활동했다. 나도 파리로 향했다.

샤를드골 공항에서 마침 오페라 광장까지 가는 직행버스가 있어서 편하게 파리 시내로 들어갔다. 먼 하늘에 파리의 상징, 에펠탑이 높이 솟아 있었다. 오페라 가르니에의 화려한 무대를 당장 보고 싶었으나, 호텔을 찾기 위해 중후한 석조 건축물들이 들어선 거리로 나섰다. 광장에 서

파리의 중심부 방돔 광장에 세워진 청동 기둥은 나폴레옹이 큰 승리를 거둔 1805년 아우스터리츠 전투를 기념해 세운 것이다.

보니 방사형 대로가 도시의 역사만큼 수많은 갈래로 갈라져서 길 찾기가 쉽지 않았다. 고급 호텔과 명품 상점으로 둘러싸인 팔각형 방돔 광장에 다다르니 거대한 청동 기둥이 서 있었다. 높이가 44미터인 이 기둥은 나폴레옹Napoléon I이 전쟁에서 포획한 대포 1250문을 녹여 만든 것으로, 로마에 있는 트라야누스 기둥을 닮았다. 전투 장면이 조각된 기둥 꼭대기에는 나폴레옹 상이 있다. 파리의 중앙인 제1구에 자리한 이 광장에는 원래 루이 14세Louis XIV의 기마상이 있었는데, 프랑스혁명기에 파괴되었다. 그 뒤 세워진 나폴레옹 상도 그의 실각과 부르봉 왕정복고로 파괴되었다가 1871년 파리코뮌 항쟁 후 제3공화정이 수립돼 다시 세워진 것이

다. 프랑스 역사는 혁명을 빼고는 말할 수 없다. 프랑스혁명은 1789년의 대혁명 이래 한 세기에 걸쳐 혁명과 반혁명, 왕정과 공화정 시대를 엎치락뒤치락하며 대역사를 썼다. 방돔 광장에 세운 동상이 각 시기 권력의 상징물로서 격동의 프랑스 역사를 보여 주는 것이다.

방돔 광장 부근의 골목에 자리한 아담한 호텔을 겨우 찾았다. 호텔 문을 열고 들어서자 붉고 검은, 두 색으로 된 인테리어가 인상적이었다. 이곳은 소설 〈적과 흑Le Rouge et le Noir〉을 쓴 스탕달Stendhal이 살던 집이다. 객실도 마치 〈적과 흑〉의 무대를 연출하듯 꾸며서 침구와 커튼은 붉은색이고, 가구와 소품은 주로 검은색이었다. 붉은 제복을 입은 소설의 주인공이 어디에선가 나올 것만 같았다. 붉은색은 프랑스혁명과 나폴레옹의 공화주의를 상징하고 흑색은 구시대의 왕정과 교회를 상징한다. 스탕달도 붉은 제복을 입고 공화주의 군대에 참여했으나 왕정복고 후 쫓겨나, 그 뒤부터 스탕달이라는 필명으로 책을 썼다. 〈적과 흑〉은 하층민 출신 청년의 사랑과 야망을 그린 소설로, 프랑스대혁명과 나폴레옹의 몰락 이후 왕정복고 시기가 배경이다. 당시 귀족과 성직자들은 '혁명 전으로 돌아가자'며 부르봉왕조의 특권적 통치 제도인 '앙시앵레짐'의 부활을 부르짖고 민주주의와 공화주의를 탄압했다.

'적과 흑의 집'에 여장을 풀고 밖으로 나왔다. 파리의 어느 곳에서나 볼 수 있는 에펠탑이 서쪽 하늘에 보였다. 역사가 오랜 튈르리 공원을 지나 화려한 분수와 이집트 오벨리스크가 있는 콩코르드 광장에 섰다. 기원전 13세기에 만들어졌다는 이 오벨리스크는 이집트 룩소르 신전에서 본 것과 한 쌍으로 똑같이 생겼다. 파리에서 가장 크고 경관이 아름다운 이 광장은 루브르 궁에서 개선문에 이르는 전경을 원근감 있게 펼쳐 보인다. 팔각형으로 배치된 광장에는 리옹, 마르세유 등 각 지방을 상징하는 여신상이 서 있다. 프랑스혁명기에 이곳은 '레볼뤼시옹(혁명) 광장'으로 불렸으며 여신상 자리에 '기요틴'으로 불리는 단두대가 놓였다. 1793년 1월에 처형된 국왕 루이 16세Louis XVI와 왕비 앙투아네트Marie Antoinette를 비롯해 1300여 명이 이곳에서 죽었는데, 혁명의 주역이던 로베스피에르Maximilien Robespierre와 당통Georges Danton도 단두대의 이슬로 사라졌다. 뷔히너Georg Büchner의 희곡 〈당통의 죽음Dantons Tod〉에 나오는 바로 그 현장이다. 이제 '조화'라는 뜻의 '콩코르드'로 불리는 광장은 센 강에 닿아 있다.

센 강은 파리를 크게 좌우로 가르며 흐른다. 그래서 파리를 좌안과 우안으로 나눠 부른다. 좌안은 전통적인 대학 지구이자 문화 예술의 중심지로 지식인과 예술인 들이 많이 살았으며 우안에는 궁전을 비롯해 역사

파리에서 가장 큰 콩코르드 광장에는 기원전 13세기의 이집트 오벨리스크가 서 있고, 그 아래에 루이 16세와 앙투아네트의 처형을 기록한 판이 있다.

적 건축물이 있다. 파리 시는 중심에서 외곽까지 거리가 10킬로미터도 안 되는 크기로, 각 구역은 중앙의 제1구부터 시계 방향으로 달팽이꼴을 만들며 안쪽에서 바깥쪽으로 번호를 매긴다. 이런 식으로 한 바퀴를 돌아 제8구까지가 파리의 핵심이다.

웅장한 건축물들과 대통령 관저인 엘리제 궁을 지나 파리에서 가장 번화한 샹젤리제 거리를 걸었다. 화려한 상점과 노천카페가 늘어선 2킬로미터 길이의 이 직선 대로가 끝나는 지점에 거대한 개선문이 서 있다. 나폴레옹이 지은 것으로 높이와 너비가 각각 50미터, 45미터 정도 되며 로마의 콘스탄티누스 개선문보다 두 배나 크다. 세인트헬레나 섬에서 죽

파리의 한가운데를 흐르는 센 강은 도시를 크게 좌안과 우안으로 나눈다. 파리의 어느 곳에서나 높이 솟은 에펠탑을 볼 수 있다.

은 나폴레옹이 파리로 귀환할 때 개선문 아래를 지났고, 파리가 독일 점령으로부터 해방되었을 때 드골Charles de Gaulle 장군도 이 문을 지나 행진했다. 개선문 아치는 나폴레옹의 전적을 기념하는 조각들로 장식되었고, 안쪽 벽에는 수많은 전투에 참가한 장군들의 이름이 새겨졌으며 그 아래에 무명용사들이 잠들어 있다. 개선문 꼭대기에 서니 파리 시가지가 한눈에 들어왔다. 발밑에 샹젤리제를 비롯해 열두 거리가 모두 보였는데, 개선문이 중심에 있는 광장에서 대로들이 뻗어 나간 모양이 별과 같아서 이 광장을 에투알(별) 광장이라고도 부른다. 이 광장은 열두 대로가 꼭짓점을 이루는 12각형이다. 완만한 곡선을 그리며 흐르는 센 강과 한가운

샹젤리제 대로 앞에 서 있는 개선문. 나폴레옹의 귀환과 위고의 국장 등 나라의 중요한 행사 때 이 문을 통과하는 의식이 있다.

데 떠 있는 시테 섬도 시야에 들어왔다. 멀리 몽마르트르 언덕 위의 하얀 사크레쾨르 성당이 그림처럼 아름답고, 하늘 높이 솟은 에펠탑은 손에 잡힐 듯 가까웠다. 에펠탑이 완벽한 기하학 곡선을 그리는 것 같았다.

에펠탑 곡선의 수학적 아름다움

에펠탑은 프랑스혁명 100주년을 맞아 1889년 파리에서 열린 만국박람회장의 출입문으로 세운 철탑이다. 건축가 에펠Gustave Eiffel이 건설한 이 탑은 완공 당시 세계에서 가장 높은 구조물로 금속 건축의 신기원을 열었다. 에디슨Thomas Edison이 현대 공학의 거대한 기념비를 용감히 세웠다고 찬사를 보냈듯이, 20세기를 앞두고 강철의 전성시대를 예고한 에펠탑은 예술적으로도 아름다운 걸작으로 인정받는다.

그런데 에펠탑이 처음부터 찬사를 듣지는 않았다. 높이가 300미터인 철탑을 완공했을 때 도시의 미관을 해치는 흉측한 탑이라는 비난이 쏟아졌고 심지어 탑을 몹시 싫어한 소설가 모파상Guy de Maupassant은 탑에 있는 식당에서 점심을 먹은 것으로 유명하다. 그곳이 파리에서 유일하게 에펠탑을 볼 수 없는 장소라는 것이 이유였다. 하지만 20세기부터는 하늘을 찌를 듯 높이 솟은 에펠탑이 파리의 아름다움을 상징했다. 1989년에는 혁명 200주년과 새 천 년을 맞아 조명 시설이 설치되면서 지금까지 아름다운 파리의 야경을 빛내고 있다. 또 탑의 곡선을 따라 엘리베이터가 올라가며 파리의 외곽까지 조망할 수 있어서 세계적인 명소가 되었다. 높이에 따라 전망대가 세 곳 있는데, 조망 거리가 약 62킬로미터나 된다.

에펠탑 조망 거리 구하기

에펠탑(P)의 높이를 x(300m, 0.3km), 조망 거리를 y라고 할 때 그 값은 원의 접선의 기울기가 된다. P에서 접선의 기울기인 y의 값을 구하는 공식은 아래와 같다. 지구의 지름에 해당하는 d를 12740km(평균 지름)로 해서 계산하면 조망 거리는 약 62km가 된다.

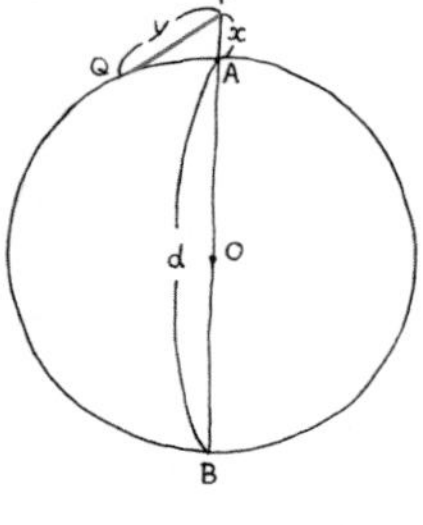

$$y^2=x(x+d)$$

$$y=\sqrt{0.3(0.3+12740)}=\sqrt{3822.09}\fallingdotseq 62\text{km}$$

에펠탑은 높이 솟아 있어도 안정감이 아주 좋다. 1만 8000개가 넘는 금속조각을 삼각형과 격자 모양으로 이어 붙여 쌓아 올렸는데, 기둥 구실을 하는 받침다리 네 개와 커다란 수평 트러스보가 평형을 유지한다. 전체 구조를 지탱하는 기단이 된 네 다리의 간격을 넓혀서 건축물의 평형을 유지하고 바람의 작용을 분산해 하중을 덜 받도록 한 것이다. 에펠이 탑을 세울 때 가장 염두에 둔 것이 바람의 영향이었기 때문에, 바람이 몹시 부는 날에는 탑에 올라가 흔들림을 확인했다고 한다. 반원형으로 이어진 다리 네 개로 구성된 기단은 한 변의 길이가 125미터인 정사각형이다. 네 다리는 위로 올라갈수록 가운데로 모이며 하나로 연결되어 아름다운 상승 곡선을 그린다. 탑 아래의 한쪽 다리 끝에서 탑의 꼭대기를 올려다보면 각도가 78도다. 탑 중앙에서 끝까지 길이가 62.5미터고 정상까지의 높이는 300미터이므로, 탄젠트 삼각비의 값은 4.8(300÷62.5)이다. 삼각비의 표에서 값을 찾으면 각도가 약 78도임을 알 수 있다.

에펠탑은 공학적으로 탁월하게 지어졌을 뿐만 아니라 예술적으로도 뛰어난데, 그 아름다움은 좌우대칭으로 우아하게 올라간 곡선에서 나온다. 이 측면 곡선이 기하학의 그래프, 특히 지수함수의 그래프를 연상시킨다. 에펠이 수학적으로 의도하지는 않았다지만, 탑이 그리는 곡선은 지수함수 $y=2^x$가 그리는 그래프를 닮았다. $x=1, 2, 3, 4$일 때 $y=2^1(2)$, $2^2(4)$, $2^3(8)$, $2^4(16)$이 되는 것을 그래프로 나타내면 에펠탑의 곡선과 비슷한 모양이다.

에펠탑의 아름다움을 보고 기하학 그래프가 웬 말이냐고 하겠지만, 프랑스 역사에서 기하학 이야기가 빠질 수는 없다. 프랑스에서는 17세기부터 기하학이 발전해 세 가지 기하학이 탄생하고 확립되었다. 바로

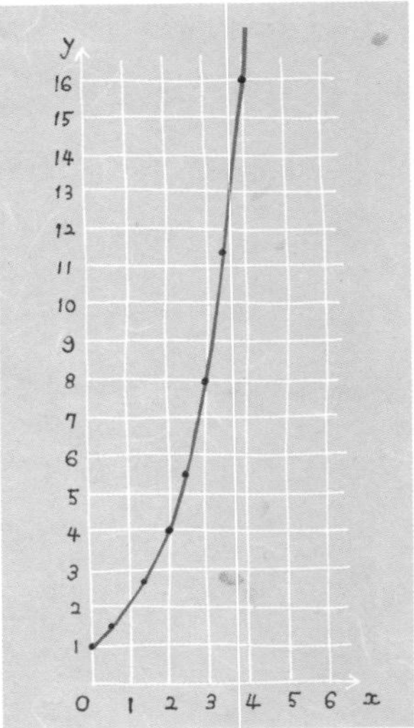

$y = 2^x$

300미터 높이로 상승하는 에펠탑의 곡선이 아름답다. 이 탑의 측면 곡선이 그리는 기하학 그래프는 오른쪽 지수함수의 그래프와 비슷한 모양이다.

데카르트의 해석기하학, 몽주Gaspard Monge의 화법기하학, 데자르그Gérard Desargue와 퐁슬레Jean Victor Poncelet의 사영기하학이다. 이번 여행에서 차차 살펴보겠지만 전쟁과 혁명, 활발한 예술 활동으로 기하학이 더욱 발전할 수 있었다.

데카르트의 좌표와 해석기하학의 탄생

대수적 함수를 기하학적 그래프로 나타낼 수 있게 된 것은 데카르트가 좌표평면을 만든 데서 출발한다. 그는 바둑판 모양의 좌표평면을 만들고 위치를 좌표로 나타냈다. 방정식과 함수같이 변량이 있는 대수식을 좌표를 이용해 기하학적 그래프로 그리고, 포물선과 원 같은 기하학적 도형은 대수식으로 나타낼 수 있게 되었다. 이것은 수학사에서 획기적인 전환이다. 수학에서 서로 다른 영역이던 '대수'와 '기하'를 통합해 연구하는 새 기하학, 해석기하학이 탄생했기 때문이다.

데카르트는 "나는 생각한다. 그러므로 존재한다."라는 명제를 남긴 근대 철학의 아버지이자 17세기 프랑스에서 가장 뛰어난 수학자다. 1596년에 프랑스 중서부의 투르에서 태어난 그는 어릴 때부터 몸이 허약해 아침 늦게까지 침대에 누워 명상을 했는데, 이것이 평생 습관이 되었다. 훗날 그는 침대에서 보낸 명상 시간 덕에 자신의 철학과 수학이 싹텄다고 말했다. 그리고 그가 군대에 있을 때 습관대로 명상을 하던 중 우연히 천장에 붙은 파리를 보고 그 위치를 나타내는 방법을 찾으려다 '좌표'를 생각해 냈다. 그는 30년전쟁(1618~1648)이 유럽 전역을 휩쓸 때 잠시 군대에 있었는데, 천재 수학자답게 전쟁 중에도 뛰어난 발상으로 새로운 발견을 해 수학의 발전에 기여했다. 그가 도나우 강가에서 야영할 때 명상 중에 꿈을 꾸었는데, 그 꿈에서 커다란 영감을 얻어 두 가지 발견을 했다. 하나는 철학의 과학적 방법에 관한 것이고, 다른 하나는 새로운 기하학에 관한 것으로 나중에 해석기하학으로 발전한다. 이 두 발견은 그의 가장 큰 업적으로 꼽힌다.

파리로 돌아온 데카르트는 수학자 데자르그와 메르센Marin Mersenne을 비롯한 많은 과학자와 교류했다. 데자르그는 전장에서 데카르트를 처음 만났다고 한다. 또 '메르센 소수'의 공식을 만들어 정수론에 관한 업적을 남긴 메르센은 많은 수학자와 편지를 주고받았는데, 학술지가 없던 시절에 메르센의 편지는 데카르트를 비롯한 수학자들에게 학문 교류의 수

데카르트는 17세기 프랑스의 철학자이자 수학자로서 좌표평면을 처음 만들고 해석기하학을 창안했다.

단 구실을 톡톡히 했다. 데카르트는 모든 과학에 적용할 수 있는 철학의 방법을 찾는 데 전념했다. 하지만 당시 프랑스는 종교개혁에 대한 박해가 심해 과학 탐구가 자유롭지 못했다. 그가 우주에 대한 물리적 설명서인 《천체론Le monde》을 집필했으나, 갈릴레오Galileo Galilei가 교회로부터 유죄판결을 받았다는 소식을 듣고는 발표를 포기해 버렸을 정도다. 결국 데카르트는 종교와 철학, 과학에 관한 연구에 전념하기 위해 프로테스탄트 국가인 네덜란드로 떠났다. 그곳에서는 자연과학의 진리를 설명한 죄로 화형당할 위협도, 종교개혁을 억압하는 군대에 갈 두려움도 없었다. 그런 네덜란드에서 20년간 살면서 수학과 과학, 철학에 대한 위대한 저술을 완성했다. 원제가 '이성을 올바르게 이끌어 여러 학문에서 진리를 탐구하기 위한 방법의 서설'을 뜻하는 모든 과학의 철학적 방법에 대한

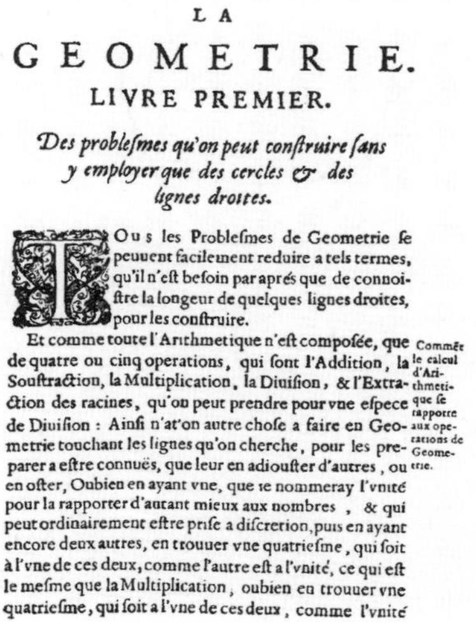
L A

GEOMETRIE.

LIVRE PREMIER.

Des problesmes qu'on peut construire sans y employer que des cercles & des lignes droites.

Ous les Problesmes de Geometrie se peuuent facilement reduire a tels termes, qu'il n'est besoin paraprés que de connoistre la longeur de quelques lignes droites, pour les construire.

Et comme toute l'Arithmetique n'est composée, que de quatre ou cinq operations, qui sont l'Addition, la Soustraction, la Multiplication, la Diuision, & l'Extraction des racines, qu'on peut prendre pour vne espece de Diuision : Ainsi n'a-t'on autre chose a faire en Geometrie touchant les lignes qu'on cherche, pour les preparer a estre connuës, que leur en adiouster d'autres, ou en oster, Oubien en ayant vne, que ie nommeray l'vnité pour la rapporter d'autant mieux aux nombres, & qui peut ordinairement estre prise a discretion, puis en ayant encore deux autres, en trouuer vne quatriesme, qui soit à l'vne de ces deux, comme l'autre est a l'vnité, ce qui est le mesme que la Multiplication, oubien en trouuer vne quatriesme, qui soit a l'vne de ces deux, comme l'vnité

Commēt le calcul d'Arithmetique se rapporte aux operations de Geometrie.

데카르트가 1637년에 발표한 《방법서설》의 부록으로 출판된 〈기하학〉. 여기에 해석기하학에 관한 내용이 있다.

저술, 《방법서설Discours de la methode pour bien conduire sa raison, et chercher la verité dans les sciences》이다. 젊은 날 군대에서 처음 떠올린 생각을 18년 만인 1637년에 완성해 발표한 것이다.

데카르트의 좌표기하학이라고도 불리는 해석기하학은 《방법서설》의 세 번째 부록인 〈기하학La Géométrie〉에 있다. 여기에는 포물선 같은 곡선의 방정식, 2차방정식과 고차방정식의 해법에 관한 내용이 담겼다. 고대 그리스의 기하학에 16세기의 발달된 대수학을 적용한 데카르트는, 기존에 두 수의 곱은 면적이고 세 수의 곱은 부피라고만 생각하던 것에 아주 새로운 방법을 시도했다. 즉 x^2을 정사각형의 면적으로만 보는 것이 아니라, 두 변수 x의 곱인 대수적 방정식으로 나타내 기하학적으로 포물선을 그린다. 이와 마찬가지로 x^3은 3차방정식의 대수적 개념으로 보는 것이다.

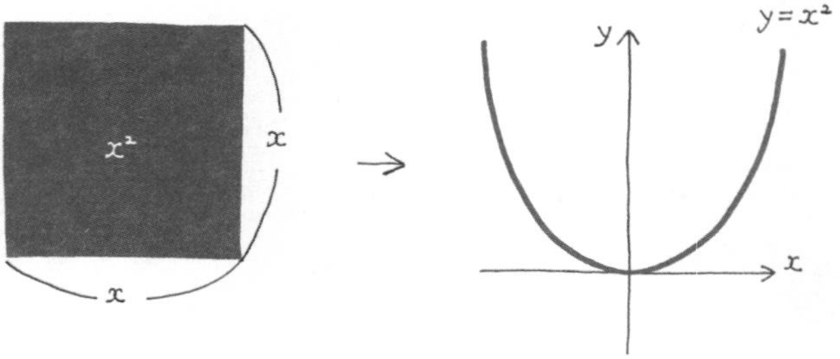

정사각형의 면적　　　　포물선

데카르트는 〈기하학〉에서 $a \cdot b \cdot c$ 등 알파벳 앞쪽의 문자로는 상수를 나타내고, $x \cdot y \cdot z$ 등 알파벳 뒤쪽의 문자로는 미지수를 나타냈으며 $a^2 \cdot a^3 \cdot a^4$ 등 거듭제곱의 횟수를 나타내는 지수의 체계를 정착시켰다. 대수기호의 사용을 데카르트가 관습화하기 시작한 것이다. 이는 근대 대수기호의 아버지로 불린 비에트François Viète가 이룬 방법보다 훨씬 더 발전되었다. 16세기 프랑스의 수학자 비에트는 체계적인 대수기호법을 처음 만들고 방정식 이론을 발전시켰다. 그리고 프랑스의 프로테스탄트인 위그노가 가톨릭교회에 저항한 종교전쟁 때 500개 이상의 문자로 된 스페인의 복잡한 암호문을 풀어 프랑스가 전쟁에서 승리하는 데 공헌하기도 했다.

1644년에 《철학의 원리Principia philosophiae》를 펴내면서 데카르트는 유럽에서 최고의 학문적 명성을 떨쳤다. 그러자 학문을 좋아한 스웨덴의 크리스티나 여왕Drottning Kristina이 그를 간곡히 초빙했고, 몸이 약해 추운 지방을 싫어하던 데카르트는 마지못해 1649년에 스웨덴으로 갔다. 그런데 열정적인 여왕이 새벽 5시에 철학 강의를 부탁해, 그는 평생 습관인 늦

데카르트의 두개골은 시신을 수습한 스웨덴 근위대장이 따로 보관하다가 19세기 말 경매에 나오면서 세상에 알려졌다. 현재 프랑스 인류박물관이 소장하고 있는 두개골의 이마에 "이 두개골은 르네 데카르트의 두개골이 맞다. 스웨덴 근위대장 한스트림이 보증한다."라고 적혔다.

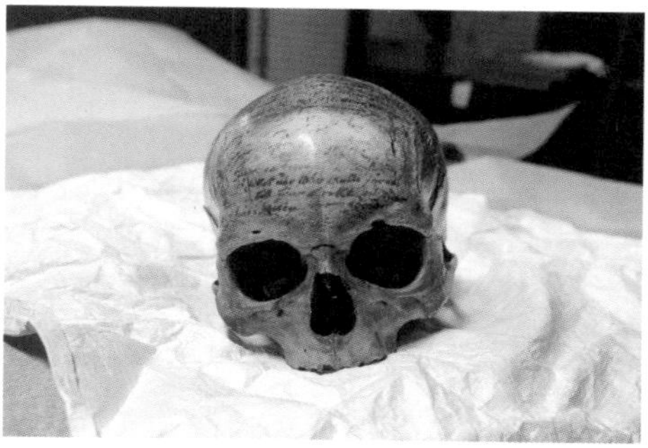

잠을 포기하고 새벽 강의를 해야 했다. 그러고는 결국 폐렴에 걸려 이듬해에 세상을 떠났다. 그의 죽음은 여러 의혹을 남겼다. 신 중심의 학문을 벗어나 인간 중심의 과학적 철학을 꾀한 그의 급진 사상을 싫어한 스웨덴의 신부가 독살했다는 주장까지 나왔다. 데카르트의 유해는 파리로 돌아와 유서 깊은 생제르맹데프레 교회에 묻혔는데, 1791년에 프랑스 위인들의 전당인 팡테옹으로 안치하려다 머리 부분이 없다는 사실이 드러났다. 유해 수습 책임자가 따로 보관하던 데카르트의 두개골은 그가 죽고 200년 넘게 지난 뒤에야 파리로 돌아와 현재 인류박물관에 전시되어 있다.

데카르트의 좌표평면은 2차원 평면에서 직교하는 x축, y축에 실수 순서쌍(x, y)의 좌표를 표현한 것이다. 이것은 세 개의 실수 순서쌍(x, y, z)으로 된 3차원 공간의 좌표계로도 확장할 수 있으며 그보다 높은 차원의 공간도 나타낼 수 있다. 즉 실존하지 않는 4차원 이상 공간의 성질도 $y=x^4$과 같이 해석기하학적 방법으로 연구할 수 있다. 이것은 수학의 영역을 넓히고 우리를 새로운 수학의 세계로 이끌며 발전하도록 한다. 또

한 데카르트의 해석기하학은 '변화하는 양'인 변수의 개념을 수학에 처음 도입했다는 데 큰 의의가 있다. '변수'는 운동하는 물체의 위치를 순간마다 나타낼 수 있다. 수학의 전환점이 된 데카르트의 변수가 크게 활용되면서 운동을 다루는 수학, 뉴턴Isaac Newton의 미적분학이 탄생했다. 뉴턴은 자신이 데카르트의 훌륭한 업적에 힘입었음을 밝히며 그에게 찬사를 보냈다.

2

파스칼의 삼각형과 페르마의 마지막 정리

생자크 탑에서 파스칼을 만나다

웅장한 궁전과 미술관이 있는 센 강 주변의 풍경은 아름다웠다. 강에는 유람선들이 떠 있고, 아름다운 다리들도 보였다. 도로까지 쌓은 축대에는 배를 대는 데 쓰인 쇠고리들이 장식처럼 달렸다. 폭이 넓지 않은 강이지만 물길 구실을 톡톡히 했다는 증거다. 다리를 하나씩 지나치며 강변을 걸었다. 시테 섬 끝자락에 걸친 오래된 다리, 퐁네프를 지나 어느새 시청까지 갔다. 파리는 시 청사 역시 관공서라는 느낌이 들지 않을 만큼 화려하고 예술적이다. 수많은 조각상으로 덮인 건물에는 '자유, 평등, 박애'라는 글자와 삼색기가 펄럭였다.

샤틀레 광장 뒤편으로 우뚝 솟은 흰 대리석 탑이 보였다. 1523년에 세워진 생자크 라 부쉴리 교회의 종탑으로 500년 전의 정교한 조각 작품들을 볼 수 있다. 원래 있던 고딕 양식의 교회는 프랑스혁명 때 파괴되었고

높이가 52미터인 생자크 라 부쉐리 교회의 종탑. 그 앞에 세워진 석상의 주인공인 파스칼이 기압 실험을 하던 곳이다. 오른쪽은 17세기 프랑스의 철학자이자 수학자인 파스칼.

종탑만 쓸쓸히 남았다. 이 교회가 스페인의 성지 산티아고 데 콤포스텔라로 가는 순례의 출발점으로 유명했기 때문에, 탑과 주변 공원에는 배낭을 멘 성지 순례자들이 많다. 갑자기 빗방울이 후드득 떨어져, 나도 모르게 종탑 쪽 하늘을 올려다보았다. 탑 정상에는 기상청의 관측소가 있다.

생자크 탑은 파스칼이 기압 실험을 한 장소로 유명하다. 그래서 탑 앞에 파스칼 석상도 있다. 그는 1648년에 높이가 52미터인 이 탑에 올라가 기압에 관한 실험을 했다. 그리고 이 실험을 바탕으로 유체에는 압력이 모든 방향에 같은 크기로 전달된다는 '파스칼의 원리'를 만들었다. 파스칼은 이 실험 과정에서 유압 프레스와 주사기를 발명했고, 지금 우리가 쓰는 압력의 단위도 그의 이름에서 왔다.

파스칼은 명상록 《팡세Pensées》로 잘 알려졌으며 데카르트, 페르마와 함께 17세기 프랑스의 3대 수학자로 꼽힌다. 1623년 프랑스 중부 오베르뉴에서 태어난 파스칼은 어릴 때부터 수학에 비범한 재능을 발휘해 '삼각형 내각의 합은 평각과 같음'을 증명했다. 이 증명법은 다음 그림과 같이 종이 삼각형을 접는 과정에 얻었다고 한다. 왼쪽은 세 꼭짓점이 내접원의 중심에 모이게 접고, 오른쪽은 꼭짓점들이 밑변의 한 점에 모이도록 접은 것이다. 이것은 오늘날 우리가 배우는 삼각형 내각의 합을 증명하는 기본적인 방법과 원리가 같다.

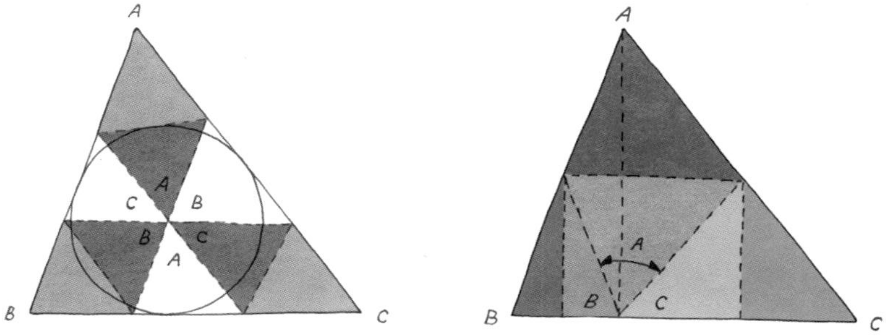

뛰어난 수학자이자 세무 공무원이던 파스칼의 아버지Étienne Pascal는 어린 아들의 기하학 실력에 몹시 놀라며 유클리드Euclid의 《원본Stoikeia》을 보도록 했고, 파스칼은 겨우 며칠 만에 그 내용을 독파했다. 그가 열네 살 때부터는 아버지를 따라 수학자 모임에도 참여했는데, 이 모임은 프랑스 과학아카데미의 모태가 되었다. 또한 파스칼은 데자르그가 사영기하학에 관해 쓴 책을 연구하고 〈원뿔곡선 소론Essai pour les coniques〉이라는 뛰어난 저작을 남겼는데, 이때 나이가 겨우 열여섯 살이었다. 이 원고를 본 데카르트가 소년이 아닌 아버지의 작품이 틀림없다고 말하며 믿지 못했다고 한다. 파스칼의 원고에는 신비한 '육각형 정리'가 있다. '원에 내접하는 육각형의 세 쌍의 대변을 이은 교점들은 한 직선 위에 있으며 그 역도 성립한다'는 이 이론에서 400가지가 넘는 따름정리도 추론했다고 하니, 열여섯 살에 했다는 게 믿기지 않는다.

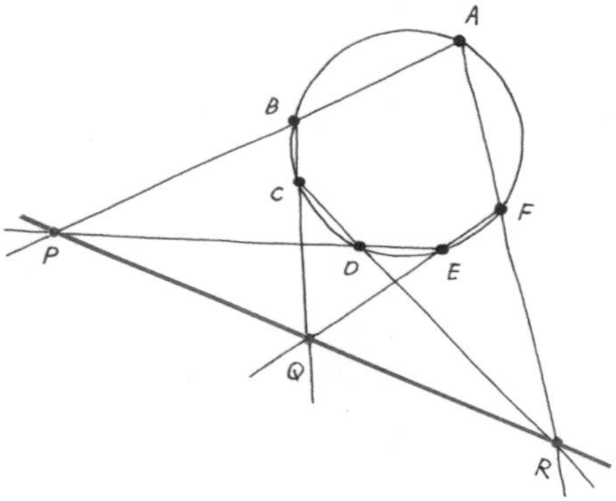

파스칼의 육각형 정리

원에 내접하는 육각형의 마주 보는 변을 연장할 때 생기는 교점들은 동일 직선상에 있다.

파스칼이 열여덟 살에는 세계 최초로 계산기를 발명했다. 회계감사를 하던 아버지를 돕기 위해 덧셈과 뺄셈을 할 수 있는 기계식 계산기를 처음 만든 것이다. 그는 그 뒤로도 계산기를 50여 개나 만들었다. 그 밖에도 비범한 재능으로 많은 발명품을 만들었고, 그가 착상한 외바퀴 손수레나 승합 마차는 실제로 운용되기도 했다.

1642년에 파스칼이 발명한 세계 최초의 기계식 계산기. 다이얼을 돌리면 여섯 자리짜리 덧셈과 뺄셈을 할 수 있고, 반복을 통해서 곱셈과 나눗셈도 할 수 있다.

파스칼의 삼각형

1654년에 파스칼은 〈수삼각형론Traite du triangle arithmetique〉을 발표해 '파스칼의 삼각형'으로 불리는 수의 배열을 정리했다. 이 수삼각형은 다음 그림처럼 쉽게 만들 수 있다. 1부터 시작해 삼각형으로 수를 배열하는데, 윗줄에 자리한 두 수를 더한 값을 아랫줄에 두면 된다. 수를 배열하고 나서 오른쪽으로든 왼쪽으로든 대각선을 그어 보면, 비스듬히 놓인 수들을 모두 더한 값이 아랫줄의 수라는 걸 알 수 있다. 예를 들어 일곱 번째 행의 세 번째 수 15는 1, 2, 3, 4, 5를 더한 값이며 1, 4, 10을 더한 값이다. 또 각 행의 수들을 더하면 1, 2, 4, 8, 16, 32, 64……로 2^0, 2^1, 2^2, 2^3, 2^4, 2^5, 2^6……과 같다.

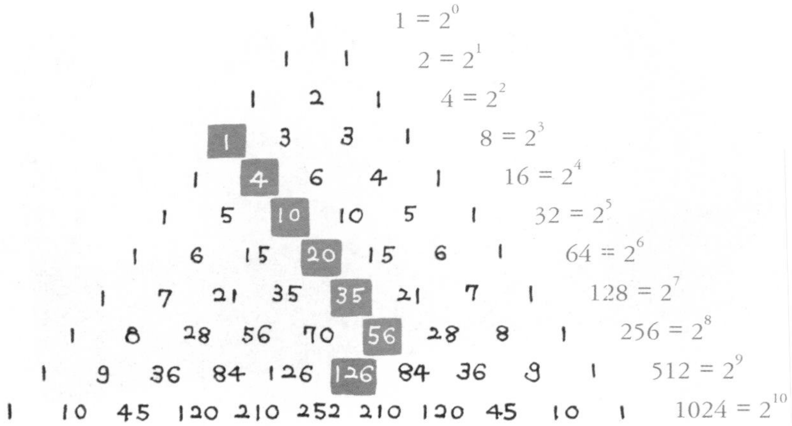

1+4+10+20+35+56=126

1+5+15+35+70=126

'파스칼의 삼각형'이 중요한 것은 이를 통해 대수학에서 이항계수를 쉽게 구할 수 있기 때문이다. 예를 들어 4행의 1, 3, 3, 1은 식 $(a+b)^3$을 전개했을 때 이항계수를 나타낸다. 5행의 1, 4, 6, 4, 1도 $(a+b)^4$을 전개했을 때 이항계수가 된다.

$$(a+b)^3 = a^3 + 3a^2b + 3ab^2 + b^3$$

$$(a+b)^4 = a^4 + 4a^3b + 6a^2b^2 + 4ab^3 + b^4$$

그런데 파스칼이 수삼각형을 처음 만들지는 않았다. 이와 같은 수 배열이 파스칼보다 350년 전에 이미 중국에서 나왔다. 중국 수학자 주세걸朱世傑이 1303년에 펴낸 《사원옥감四元玉鑑》에서 파스칼의 삼각형과 똑같은

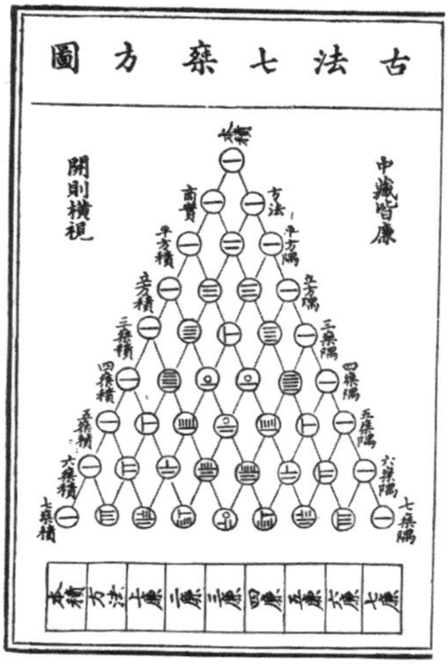

16세기에 인쇄된 수삼각형(왼쪽)과 그보다 앞서 주세걸이 쓴 《사원옥감》에 나온 수삼각형.

것이 제시되었다. 그럼에도 파스칼의 삼각형으로 알려진 것은 그가 수삼각형을 만드는 데 그치지 않고, 그것에 관한 많은 수의 성질을 밝혀내고 응용했기 때문이다. 우리 역사를 보면, 조선 시대의 중인 출신 수학자 홍정하洪正夏가 쓴 수학책 《구일집九一集》에 파스칼의 삼각형이 나온다.

파스칼은 서른 살 즈음부터 건강이 매우 나빠져 수학 연구보다는 종교적인 명상과 수도 생활에 집중했다. 그렇게 보내던 1658년에 극심한 치통으로 고생하다 문득 기하학에 관한 생각이 떠오르며 치통이 갑자기 사라진 경험을 하면서 다시 수학에 몰두했다. 그는 8일 동안 온 힘을 다해 그 생각을 발전시켰다. 이 짧은 기간에 완성한 것이 바로 사이클로이드 이론이다. 이 연구는 미적분학의 초기 발전에 아주 중요한 구실을 했다.

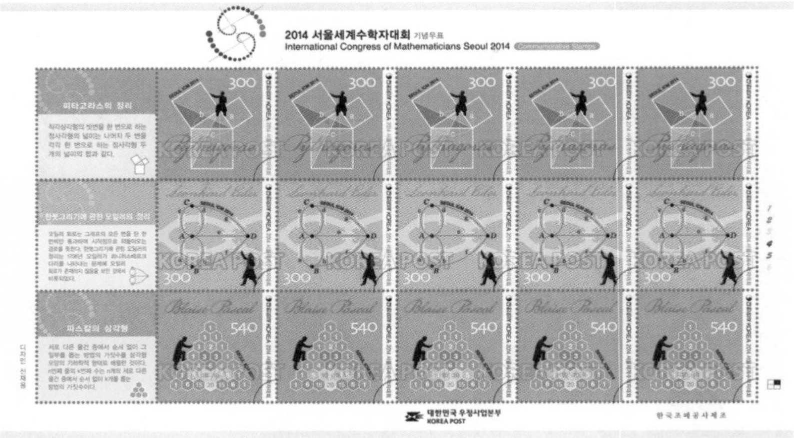

2014년 서울세계수학자대회 때 발행한 기념우표로 '파스칼의 삼각형'을 비롯해 피타고라스의 정리, 오일러의 한붓그리기가 소개되었다.

사이클로이드 연구는 파스칼의 마지막 수학 업적이다. 병세가 심해져 1662년에 서른아홉 나이로 생을 마감했기 때문이다. 소년 파스칼이 수학자의 길을 가도록 영향을 준 데자르그도 그해에 죽었다. 파스칼은 수학과 과학의 연구, 종교적 명상을 오가며 천재적 능력을 발휘해 수학 이론과 신학, 문학에 관한 책들을 남겼다. 불후의 명상록 《팡세》뿐만 아니라 《시골 사람에게 쓴 편지Les Provinciales》도 뛰어난 문학작품으로 평가받는다. 그는 뛰어난 수학적 직관과 재능이 있었으나 평생 병약한 몸 때문에 고통을 당했고 종교적 엄격함에서 오는 고뇌까지 겪어야 했다. 만약 건강한 몸으로 수학에만 집중할 수 있었다면 근대 수학의 가장 큰 업적인 미적분학을 발견했을 거라는 평가도 나온다. 그럴 경우 17세기 수학사는 크게 달라졌을 것이다.

파스칼과 페르마의 편지에서 확률이 탄생하다

파스칼은 수삼각형을 이용해 확률 이론을 만들었다. 그는 도박을 좋아하는 친구의 편지 때문에 확률에 관심을 갖게 되었다. 드메레Chevalier de Mere라는 귀족이 1654년에 당대의 대학자 파스칼에게 편지로 묻는다.

"A와 B 두 사람이 똑같이 돈을 걸고 게임을 해 먼저 3승한 사람이 낸 돈을 모두 갖기로 한다. 그런데 A가 두 번, B가 한 번 이겼을 때 사정이 생겨 게임을 중단한다면 돈을 어떻게 나눠 가져야 하는가?"

이 문제에 파스칼은 다음과 같이 답했다.

"한 게임을 더해서 A가 이긴다면 A는 3승을 해 돈을 모두 갖고, B가 이긴다면 A와 B가 모두 2승씩 거둬 비기므로 돈을 반씩 나눠 갖는다. 따라서 A는 이기든 지든 돈의 반은 확실히 가질 수 있다. 나머지 반은 이긴 사람의 몫인데, 누가 이길지 모르므로 반씩 갖는다."

파스칼의 풀이를 확률로 계산해 보자. A가 다음 게임에서 이길 확률은 $\frac{1}{2}$, 다음 게임에서 지고 그다음 게임에서 이길 확률은 $\frac{1}{2}\times\frac{1}{2}=\frac{1}{4}$이다. 또 B가 이기려면 다음 두 게임을 모두 이겨야 하므로 B가 이길 확률은 $\frac{1}{2}\times\frac{1}{2}=\frac{1}{4}$이다. 따라서 A가 게임에서 이길 확률은 $\frac{1}{2}+\frac{1}{4}=\frac{3}{4}$, B가 이길 확률은 $\frac{1}{4}$이다. 그러므로 내기로 건 돈의 $\frac{3}{4}$은 A가, $\frac{1}{4}$은 B가 가지면 된다.

이 문제는 주사위 던지기 같은 게임에서 승률과 배당금을 계산하는 것인데, 15세기 후반 이탈리아 수학자들이 처음 연구했다. 수학자 카르다노Girolamo Cardano는 이 문제를 연구하고 도박사를 위한 안내서를 쓰기도 했다. 파스칼은 게임에 관한 문제에 흥미를 갖고 다른 경우도 분석해 보다가 수학자 페르마에게 편지를 써서 게임 문제를 논의했다. 이렇게 파스칼과 페르마가 편지를 주고받으며 이 문제를 수학적으로 발전시키다 마침내 확률 이론이 탄생한 것이다.

우리는 일상에서 당첨 확률, 우승 확률, 비가 올 확률 등 확률이라는 말을 많이 쓴다. 확률이란 무엇인가? 어떤 일이 일어날 수 있는 경우의 수를 따져 보는 것으로, '모든 경우의 수에 대한 어떤 사건이 일어날 경우의 수'를 비율로 나타낸다. 즉 확률은 $\frac{\text{일어나는 경우의 수}}{\text{모든 경우의 수}}$가 된다.

파스칼은 수삼각형을 분석해 확률의 계산법을 발견했다. 그가 만든 계산법은 확률론에서 조합이나 순열을 계산하는 공식이 된다. 서로 다른 n개 중 r개를 택하는 것이 조합이고, 순서를 생각해서 그것을 일렬로 배열한 것이 순열이다. 그리고 조합의 수는 기호 ${}_nC_r$로 나타낸다. 확률 기호 C는 '조합'을 뜻하는 영어 콤비네이션combination의 약자다. 예를 들어 다섯 명의 선수 중에서 세 명을 선발할 때, 즉 다섯 가지 중 세 가지를 뽑는 방법을 계산하면 열 가지가 있다.

$${}_5C_3 = \frac{5\times4\times3}{3\times2\times1} = 10$$

복권의 당첨 확률도 조합 문제와 같다. 로또 복권은 1부터 45까지의 숫자 중에서 여섯 가지 숫자를 맞히면 1등 상금을 준다. 숫자를 맞힐 확률을 구하는 조합의 수 ${}_{45}C_6$을 계산하면 당첨 확률이 814만 5060분의 1이다.

$${}_{45}C_6 = \frac{45\times44\times43\times42\times41\times40}{6\times5\times4\times3\times2\times1} = 8145060$$

이것은 벼락 맞아 죽을 확률보다 작은 값으로, 매주 한 장씩 로또 복권 사기를 15만 년 이상 계속해야 당첨될 수 있는 확률이다. 로또의 평균 당첨금이 22억 정도라고 하는데, 확률로 나누면 그 기댓값은 겨우 270원이다. 한 장에 1000원인 로또를 사는 것이 기댓값을 보면 손해인 셈이다. 당첨금이 81억 4500만 원은 넘어야 비로소 로또 금액에 해당하는 기댓값이 나온다. 파스칼은 《팡세》에서 종교를 예로 들며 행복의 기댓값을 풀이하기도 했다. '수학적 기댓값'이라는 개념은 네덜란드 출신 수학자 하위헌스Christiaan Huygens가 쓰고 확률론을 발전시켰다. 그는 '어떤 확률 p에 대한 상금 s'를 sp로 계산하고 그것의 '수학적 기댓값'이라고 했다. 즉 기댓값이란 확률적 사건에 대한 평균적 이득을 계산하는 것이다.

확률론은 18세기에 베르누이Jakob Bernoulli의 저작 〈추측술Ars Conjectandi〉이 나오면서 수학의 독립적인 분야가 되었으며 오일러Leonhard Euler, 라그랑주Joseph Louis Lagrange가 그 발전에 공헌했다. 확률론이 비록 도박에서 출발했지만, 수학적으로는 불확실성을 수량화해 다루었다는 데 큰 의의가 있다. 수학자들이 순전히 운으로만 작용된다고 믿던 무작위적인 현상에 법칙을 만들고 과학적인 이론으로 발전시켰기 때문이다. 확률론은 불확실성과 위험도를 분석하는 경우에 꼭 필요한 이론이다. 실험실에서 행하는 대부분의 실험에 확률 계산이 이용되고 있으며 그것을 통해 결과를 예측한다. 현대사회에 이르러서 확률은 더욱 폭넓게 이용되고 우리의 일상생활에서도 익숙하게 쓰인다. 기상 예측이나 보험금의 책정, 선거 결과의 예측과 여론 분석, 생물학적 유전의 문제 등에도 확률이 이용된다. 이제는 확률 없는 생활을 상상하기 힘들 정도로 정치, 경제, 기상, 스포츠, 광고 등 현대사회의 전반에 활용되고 있다.

여백이 좁아서 못다 쓴 증명, 페르마의 마지막 정리

페르마는 데카르트, 파스칼과 함께 17세기 프랑스를 대표하는 수학자다. 파스칼과 확률론을 처음 만든 페르마는 해석기하학의 창시자로도 알려져 있다. 데카르트가 《방법서설》을 발표하기 전에 해석기하학의 기초를 마련했다고 보는 것이다. 페르마가 쓴 편지 중 그에 관한 연구를 이미 진행했다는 기록이 있으며 논문에서도 쌍곡선, 타원, 포물선 등 곡선의 방정식을 해석기하학의 방법으로 다루었기 때문이다. 그러나 페르마의 모든 저술은 그가 죽은 뒤에 발표되었기 때문에 데카르트의 기하학이 먼저 알려졌다. 그런데 페르마와 데카르트의 해석기하학 연구 방법은 근본적으로 달랐다. 데카르트는 대부분 도형의 자취로 시작해 그 방정식을 발견했다. 즉 기하에서 출발해 대수로 접근한 것이다. 반면에 페르마는 대수에서 기하로 접근했다.

페르마는 1601년에 프랑스 남부 툴루즈 지방에서 태어났으며 직업적인 수학자가 아니라 법관이었고, 평생 수학 논문을 발표한 적도 없다. 그가 수학에 빠져든 것은 서른 살 즈음 여가를 수학 연구로 보내면서부터다. 그는 비록 연구 내용을 발표하지 않았지만, 메르센·데카르트·파스칼 등 당대의 뛰어난 수학자들과 편지를 통해 학문적으로 교류했으며 많은 수학자에게 상당한 영향을 끼쳤다. 정수론, 해석기하학, 확률론, 미적분학 등 수학의 다양한 분야에 큰 업적을 남겨 위대한 수학자 반열에 오른 페르마는 곡선의 접선과 극대점, 극소점을 찾는 방법에서 미분을 도입해 미적분학 탄생에도 기여했다. 하지만 페르마는 자신의 연구 결과를 증명해 보이지 않았기 때문에 그의 이론들은 수수께끼로 남아, 수세기에 걸쳐 라이프니츠Gottfried Wilhelm Leibniz · 오일러 · 가우스Carl Friedrich Gauss

같은 후대의 뛰어난 수학자들이 밝혀냈다.

페르마는 비상한 직관과 천재적인 능력을 발휘해 많은 이론들을 메모하듯 남겨 놓았고, 특히 정수론에 관한 뛰어난 이론들이 그가 보던 책의 여백에 적혀 있었다. 당시 라틴어로 번역 출판된 그리스 수학자 디오판토스Diophantos의 《산수론Arithmetica》 여백에 남긴 메모들이 유명한 '페르마의 미증명 정리'들이다. 《산수론》은 3~4세기 무렵에 활동한 디오판토스가 총 열세 권으로 쓴 대수학 분야의 훌륭한 교본으로, 중세에는 안 보이다가 르네상스 이후 아라비아에서 펴낸 것들이 유럽에 전해졌다.

DIOPHANTI
ALEXANDRINI
ARITHMETICORVM
LIBRI SEX.
ET DE NVMERIS MVLTANGVLIS
LIBER VNVS.
AVCTORE CLAVDIO GASPARE BACHETO
LVTETIAE PARISIORVM,
Sumptibus SEBASTIANI CRAMOISY, via
Iacobæa, sub Ciconiis.
M. DC. XXI.
CVM PRIVILEGIO REGIS.

프랑스 수학자 메지리악이 1621년 출판한 디오판토스의 《산수론》의 표지. 이 책의 여백에 페르마의 이론들이 수수께끼처럼 남겨 있었다.

페르마는 소수를 비롯해 수의 성질과 관련된 중요한 이론들을 발견했으며 난제도 많이 남겼다. 그가 정리한 중요한 이론들은 다음과 같다.

소수 p에 대해 a와 p가 서로소이면 $a^{p-1}-1$은 p로 나누어진다.

$4n+1$ 형태의 소수는 두 제곱수의 합으로 나타낼 수 있다.

음수가 아닌 정수는 네 개 이하 제곱수의 합으로 나타낼 수 있다.

정수인 변이 있는 직각삼각형의 넓이는 제곱수가 될 수 없다.

이 정리들 중에서 첫 번째 것이 '페르마의 소정리'로 불리는 정수론이다. 예를 들어 살펴보면, a와 p가 각각 2와 5일 때 $a^{p-1}-1=2^4-1=15$가 되고 5로 나누어짐을 알 수 있다. 이렇게 페르마는 수에 관해 천재적인 분석 능력이 있었다. 이 정리들은 18~19세기에 오일러와 라그랑주가 참임을 증명했다. 메모로 있던 페르마의 수많은 정리 중 오직 한 가지, '페르마의 대정리'만은 증명되지 않고 남아서 '페르마의 마지막 정리'로 불리며 수백 년 동안 많은 수학자가 이 문제를 푸는 데 매달렸다. 《산수론》 라틴어판 2권의 8번 문제 옆 여백에 '페르마의 마지막 정리'로 불리는 내용이 적혀 있었다.

제곱수를 두 제곱수의 합으로 나타낼 수는 있지만 세제곱수를 두 세제곱수의 합으로 나타내는 것과, 일반적으로 4 이상 어떤 차수를 동일한 두 차수의 합으로 나타내는 것은 불가능하다.

그리고 페르마는 이렇게 덧붙였다.

나는 이미 이것의 감탄할 만한 증명을 확실히 했지만 여백이 좁아서 여기에 쓸 수 없다.

이 정리를 오일러가 더 근대적인 명제로 만들어 유명해졌다.

정수 n이 2보다 클 때 방정식 $x^n+y^n=z^n$을 만족시키는 정수해는 존재하지 않는다.

이것이 2차 제곱수로는 성립하지만 3차 이상 제곱수를 차수가 같은 제곱수의 합으로 나타낼 수 있는가라는 문제로 된다. 즉 n이 2일 때는 $x^2+y^2=z^2$이 돼 피타고라스의 정리가 성립한다. 그런데 2보다 큰 자연수, 즉 3 이상일 때도 $x^n+y^n=z^n$이 성립하는가? 페르마는 한마디로 불가능하다고 했다.

'페르마의 마지막 정리'가 간단한 문제처럼 보였는데 증명은 그렇지 못했다. 방정식 $x^2+y^2=z^2$을 만족시키는 정수해는 무수히 많았지만, $x^3+y^3=z^3$을 만족시키는 정수해를 찾을 수가 없었다. 18세기에 오일러가 $x^3+y^3=z^3$을 만족시키는 정수해가 없다는 것을 증명했다. 하지만 그는 이 정리에 대한 일반적인 증명법을 찾아내지 못한 채 '2보다 큰 모든 정수 n에 대해 방정식 $x^n+y^n=z^n$을 만족시키는 정수해는 존재하지 않는다'는 가설만 내렸다. 그리고 이 문구가 페르마의 마지막 정리를 대표하는 명제가 되었다.

그 뒤 n의 값을 점차 크게 적용하는 증명 방법이 시도되었다. 르장드르Adrien-Marie Legendre와 디리클레Peter Dirichlet 등이 n이 5, 7인 경우를 증명했다. 또 독일 수학자 쿠머Ernst Kummer가 n이 100보다 작은 소수들에 대한 증명으로 많은 성과를 냈으나 추론 과정에서 실수가 드러나 완전한 증명은 못 했다. 프랑스 과학아카데미에서 금메달과 상금을 걸기도 했고, 페르마의 마지막 정리를 증명했다는 주장들이 난무했지만 모두 오류로 밝혀졌다. 인류 역사상 가장 위대한 수학자로 불리는 가우스조차 페르마가 풀지 못할 정리를 푼 것처럼 써 놓았다고 투덜거렸고, 그런 문제라면 자신도 낼 수 있다며 거들떠보지도 않았다.

1908년에는 독일의 볼프스켈Paul Wolfskehl이 100년 안에 페르마의 마지

페르마의 고향 툴루즈에 세워진 페르마 석상. 그가 태어난 집과 일하던 법원이 이곳에 남아 있고, 해마다 그를 기리는 축제가 열린다. 오른쪽은 1997년에야 증명된 '페르마의 마지막 정리'가 담겨 있는 우표로, 페르마 탄생 400주년을 기념해 발행되었다.

막 정리를 최초로 증명하는 사람에게 10만 마르크를 상금으로 주겠다고 했는데, 이 상의 배경이 아주 흥미롭다. 사업가이자 수학자인 볼프스켈이 실연을 당하고 자살을 결심했다가 이 정리를 푸는 데 몰두하느라 자살하기로 정한 때를 놓치고 말았다는 것이다. 그는 이 문제가 자신의 목숨을 살렸다고 판단하고 문제를 푼 사람에게 거액을 상금으로 주겠다고 했다. 이렇게 볼프스켈상이 제정되자마자 짧은 시일에 5000가지가 넘는 증명법이 쏟아져 나왔으나 모두 잘못된 것으로 판명되었다. 상금에 대한 소문은 수학자나 과학자들뿐만 아니라 다른 분야의 전문가와 일반인들의 도전까지 자극했다. 문제가 아주 단순해 보였기 때문이다. 페르마의 마지막 정리는 350년 동안 수학자들을 괴롭히며 가장 유명한 수학 정리가 되었다. 20세기 뉴욕의 지하철에 페르마의 메모를 흉내 낸 낙서도 등장했다고 한다. "나는 페르마의 정리를 풀었지만 시간이 없어 여기에 쓸 수가 없다." 또 어떤 수학과 학생들은 '옷이 너무 작아 증명을 쓸 수가 없다'고 쓴 티셔츠를 입고 다녔다. 20세기가 끝나 가는 1997년, 드디어 볼프스켈상과 상금의 주인공이 나타났다. 영국 출신 수학자로 당시 미국 프린스턴대학에 있던 와일즈Andrew Wiles(현 옥스퍼드대학교 교수)가 350년 만에 페르마의 마지막 정리를 증명한 것이다.

3
예술과 만난 프랑스의 기하학

루브르박물관에서 만난 프랑스의 예술

파리에서는 수많은 미술관을 찾아다니는 여행을 했다. 예술의 도시 파리에는 이름난 미술관이 퍽 많다. 궁전을 개조한 루브르, 기차역이던 오르세미술관, 배관이 외부로 드러난 퐁피두미술관 등 모두가 독특함을 자랑한다. 또 미술관이 자리한 곳마다 특색 있는 거리의 분위기도 느낄 수 있어서 좋다. 퐁피두센터가 있는 거리는 활기차고 현대적인 분위기로 학생과 예술가 들이 북적거리며 첨단 예술과 거리 퍼포먼스가 볼 만하다. 대저택에 둘러싸인 피카소미술관과 로댕미술관 주변은 귀족적이고 우아한 분위기가 났고, 몽마르트르 언덕에서는 거리의 예술가들 덕에 자유로운 기분을 만끽할 수 있었다. 센 강을 넘나들며 며칠 동안 미술관만 둘러보면서 예술에 흠뻑 젖어 들었다. 오랑주리미술관에서 모네Claude Monet의 〈수련Nymphéas〉 연작을 볼 때나 몽마르트르 언덕에서 내려오다 고흐Vincent

센 강변의 기차역을 재개발해 1986년에 문을 연 오르세미술관. 고흐, 고갱을 비롯한 19세기 인상파 작품이 유명하다.

van Gogh가 살던 파란 대문 집을 만난 순간에는 가슴이 설렜다. 약간 어지럽기도 했는데, 나한테도 '스탕달 증후군'이 일어난 것일까? 스탕달 증후군은 스탕달이 피렌체에서 르네상스 미술품을 감상하다가 무릎에 힘이 빠지고 심장 박동이 빨라지는 것을 여러 차례 경험했다고 자신의 책에 쓴 데서 나온 말이다.

파리의 미술관 기행은 루브르에서 시작되었다. 루브르 궁으로 가는 길에 안내소에서 오렌지 교통권과 박물관 입장권을 샀다. 값은 좀 비싸지만 표 두 장으로 지하철과 버스 등 시내 교통을 맘껏 이용하고, 박물관과 미술관은 물론이고 파리의 명소를 무제한 입장할 수 있다. 이 표 덕에 여행은 아주 효율적이었지만 수학 기행은 당초 계획에서 조금 빗나간 결과

루브르박물관의 출입구인 그랑 피라미드는 고전과 현대의 아름다움을 함께 보여 준다.

를 낳았다. 표 하나로 들어갈 수 있는 수많은 미술관을 돌아다니느라 아예 미술관 순례 여행이 돼 버린 것이다.

카루젤 개선문을 통과해 광장에 들어서니 거대한 유리 피라미드가 아침 햇살에 반짝이며 서 있었다. 투명한 사각뿔인 피라미드를 뒤쪽에서 ㄷ자 형태로 에워싼 궁전 건물이 루브르박물관이다. 고풍스러운 궁전 안마당에 있는 유리 피라미드는 고전과 현대가 공존하는 아름다움이 돋보였다. 강철과 유리로 지은 23미터 높이의 피라미드는 혁명 200주년을 기념해 박물관 출입구로 세워졌다. 처음에는 중후한 본관과 어울리지 않는다는 비난도 받았지만 지금은 루브르박물관의 대표적 이미지가 되었다. 피라미드에 조명을 비춘 야간에는 반짝이는 유리와 주변의 분수가 어우러져 환상적인 아름다움을 뿜어낸다. 그 강렬한 빛을 좇아서 밤마다

배관이 외부로 돌출된 현대미술관 퐁피두센터.

루브르 주위를 산책하는 것이 내 여행의 일과였다.

루브르는 12세기 말 파리를 방어하기 위해 센 강가에 지은 요새였는데, 수백 년에 걸쳐 웅장하고 화려한 궁전으로 건축되었다. 베르사유 궁을 짓기 전까지는 왕궁으로 쓰이다가 1793년에 박물관으로 개방되었다. 혁명기였던 당시 루브르 궁에 비밀 소장품이 많다는 비난을 받은 루이 16세가 루브르의 소장품들을 공개한 것이다. 나폴레옹이 집권하던 시기에는 원정 전쟁에서 가져온 전리품들로 규모가 방대해졌고, 이집트·그리스 등 고대 문명의 귀중한 유물과 예술품을 소장한 세계 최대의 박물관이 되었다. 길이가 1킬로미터나 되는 거대한 전시관에는 〈밀로의 비너스Vénus de Milo〉, 다빈치Leonardo da Vinci의 〈모나리자Mona Lisa〉, 밀레Jean François Millet의 〈만종L'Angélus〉 등이 있다.

피라미드 안으로 들어가 출입구로 내려갔다. 지하의 나폴레옹 홀은 투명한 지붕으로 햇빛이 쏟아져 들어와 환했다. 미리 사 둔 입장권 덕에 줄을 서지 않고 바로 전시관으로 들어갈 수 있었다. 〈함무라비 법전 석비Stele du Code de lois de Hammurabi〉와 〈이집트의 서기상Le Scribe Accroúpi〉 등을 부리나케 본 뒤 '비너스'와 '모나리자'를 만나러 루브르에서 가장 붐비는 전시관으로 향했다. 곧 날아오를 듯 양 날개를 뒤로 젖힌 머리 없는 승리의 여신, 〈사모트라케의 니케La Victoire de Samothrace〉를 지나서 사람들 틈을 비집고 겨우 비너스의 황금비 자태를 가까이서 확인할 수 있었다. 키가 2미터인 여신상의 거대하고 완벽한 아름다움이 전시실을 압도했다. 하지만 사람들이 너무 많아 비너스의 전신을 제대로 보기 힘들었고 정면보다는 뒤태만 실컷 보고 말았다. 2층에는 나폴레옹의 대관식을 그린 대작을 비롯해 회화 작품들이 있었고, 마침내 전시실 유리장 안에서 미소를 짓는 〈모나리자〉를 만났다. 다빈치는 밀라노가 프랑스 치하에 있을 때 궁정화가로 활동하며 〈모나리자〉와 〈암굴의 성모Virgine delle Rocce〉 등 예술의 최고 경지를 보여 주는 작품들을 남겼다.

과학과 수학에서도 뛰어난 실력을 발휘한 다빈치는 작품에서 공간을 기하학적으로 잘 배치하고 원근법, 투시도법을 도입했다. 풍경화나 정물화는 3차원의 사물을 2차원으로 표현하는 것이며 원근법을 통해 입체감을 준다. 르네상스 시대부터 회화에 쓰인 원근법은 3차원의 입체적 공간에서는 만나지 않는 평행선을 2차원 평면 그림의 한 점, 즉 소실점에서 만나도록 한다.

르네상스 시대의 원근법, 투시도법을 사용한 고전주의 예술은 17~18세기 프랑스 절대왕정 시대에 바로크와 로코코 양식으로 바뀐다. '바로

페르메이르가 1668년에 그린 〈천문학자〉(루브르박물관 소장)는 빛과 어둠의 대비로 순간의 동작을 포착해 냈다. 천문학자의 몸과 동작에서 대각선의 원근법과 소실점을 이용했다. 당시는 천문학을 비롯한 과학 활동이 활발해 광학 이론이 연구되고 망원경을 비롯한 광학기구가 만들어졌다.

크baroque'는 원래 '일그러진 진주'라는 뜻으로 변칙적이고 비뚤어진 것을 가리킨다. 정적이고 고전적인 기존 회화에 비해 활기차고 동적이라는 뜻이다. 또 로코코는 사치스럽고 화려한 귀족풍으로 기교를 많이 부리는 화풍이다. 바로크, 로코코 양식이 모두 역동적인 표현 기법으로 빛과 순간의 움직임을 나타냈다. 빛과 어둠의 대조를 극대화해 표현하고 형태와 입체감, 인물의 움직임을 잘 나타냈다.

이 시기에는 유럽과 프랑스의 상황도 회화처럼 역동적이었다. 전쟁과 혁명으로 급박한 변화와 혼란이 계속되었으며 귀족의 사치, 민중의 궁핍 등 사회적인 대립 현상이 회화에서 빛과 어둠의 대조만큼 극명하게 드러났다. 당시 그림 중에는 빛과 그림자를 대비한 것이 많았고, 정적인 초상화보다는 순간의 움직임을 포착한 것이 늘어났다. 이를 잘 표현한 네덜란드의 화가 렘브란트Harmensz van Rijn Rembrandt와 페르메이르Johannes Vermeer의 작품들을 루브르에서 만날 수 있었다.

투영도를 그린 몽주의 화법기하학

17~18세기 과학의 탐구 주제도 빛, 운동, 속도에 관한 것으로 미술과 다르지 않았다. 당시의 미술이 역동적일 수 있었던 것은 눈부신 과학 발전의 영향이기도 했다. 뉴턴이 빛과 색에 관한 광학 이론과 운동에 관한 방정식을 발표했고, 수학에서도 빛을 물체에 투영하는 새로운 기하학이 나왔다. 투시도법이나 빛의 표현 같은 미술의 특성이 수학에서도 표현된 것이다. 3차원의 입체 대상을 2차원의 평면에 투사하는 방법을 연구한 화법기하학이, 1765년에 프랑스의 수학자 몽주가 요새를 파악하기 위해 그린 도면에서 출발해 체계화되었다.

1746년 프랑스 본에서 태어난 몽주는 열여섯 살 때 고향 본의 지도를 정교하게 만들어 대규모 도시계획을 입안하는 놀라운 재능을 발휘했다. 그는 이를 계기로 귀족들이 다니는 메지에르공병학교에 추천받았지만 신분이 미천해 입학을 허가받지 못하고 그 학교에서 제도공으로 일해야 했다. 그런데 그의 재능은 그곳에서도 발휘되었다. 군인들이 적의 요새 곳곳에서 수집한 정보를 종합해 요새 전체의 도면을 정확하게 그려 내고 포좌의 위치까지 찾아낸 것이다. 이를 지켜본 사람들은 모두 믿기 힘들어했는데, 아주 어려운 계산 과정을 거쳐야 하는 일을 몽주가 제한적인 정보만 갖고도 순식간에 해냈기 때문이다. 그는 길고 복잡한 산술 과정을 빠른 기하학적 방법으로 대체해 전체 구조를 한눈에 볼 수 있게 했다. 이때 몽주가 실행한 방법이 화법기하학의 출발점이 되었다. 당시에는 적의 포화에 노출되지 않도록 요새를 아주 복잡하게 건설했기 때문에 그 구조를 한눈에 파악하기가 매우 어려웠다. 몽주의 새로운 기하학은 요새의 형상을 빠르고 쉽고 정확하게 파악할 수 있어서 프랑스군의 전력 향상에 크게 기여했다. 그가 쓴 방법은 프랑스의 군사기밀로 수십 년 동안 공표가 금지되기도 했다.

몽주가 창안한 화법기하학을 살펴보자. 건물의 모습을 나타내는 그림은 조감도, 전개도, 겨냥도, 단면도 등으로 다양하다. 하지만 주로 한쪽 면만 보여 주기 때문에 전체를 파악하기가 어렵다. 또 건물의 여기저기를 다 그리면 너무 산만하고 복잡해진다. 그럼 건물의 모양을 파악할 수 있는 최소한의 경우는 어떤 것일까? 정면과 위, 옆에서 보는 세 가지 경우를 그리면 전체를 쉽게 파악할 수 있다. 아래 그림처럼 정면에서 보는 입면도, 위에서 보는 평면도, 옆에서 보는 측면도를 그리면 건물의 전체 모양을 파악하기가 쉽다.

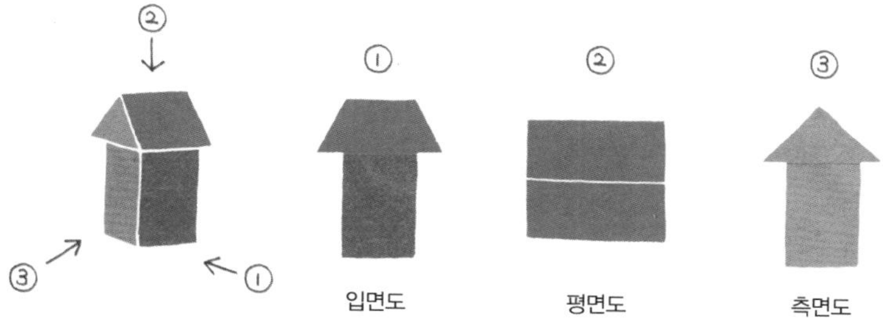

에펠탑의 경우, 정면이나 옆에서 본 모양과 위에서 본 모양이 확연히 다르다. 위에서 내려다보는 탑의 모양은 대각선과 점으로, 네 다리는 아치 곡선만 보인다.

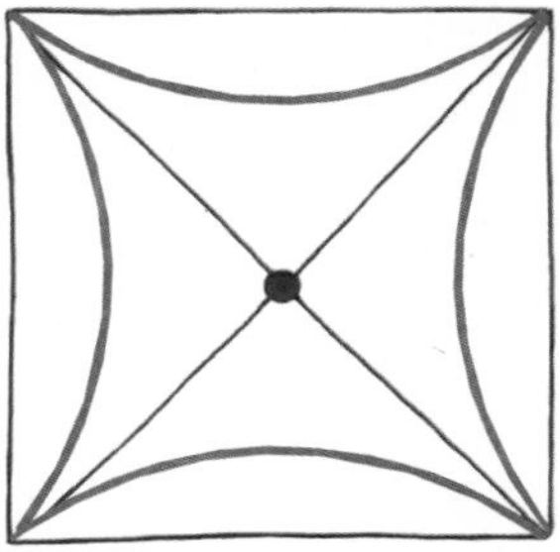

에펠탑을 위에서 본 평면도

그런데 이 세 가지 경우의 모양을 한꺼번에 쉽게 파악할 수 있는 방법이 바로 투영도다. 투영도란 말 그대로 어떤 입체의 그림자를 평면에 투영해서 구하는 그 입체의 전체 모양으로, 정면·측면·위에서 구한 그림자를 통해 하나의 입체도형을 나타낸다. 즉 각 방향에서 평행 광선의 빛을 비추어 벽에 나타난 그림자를 보고 그리는 것이다. 예를 들어 정면, 옆, 위에서 투영시킨 입면도, 측면도, 평면도가 직사각형, 이등변삼각형, 원 모양이 된다면 다음과 같은 입체도형의 모양을 파악할 수 있다.

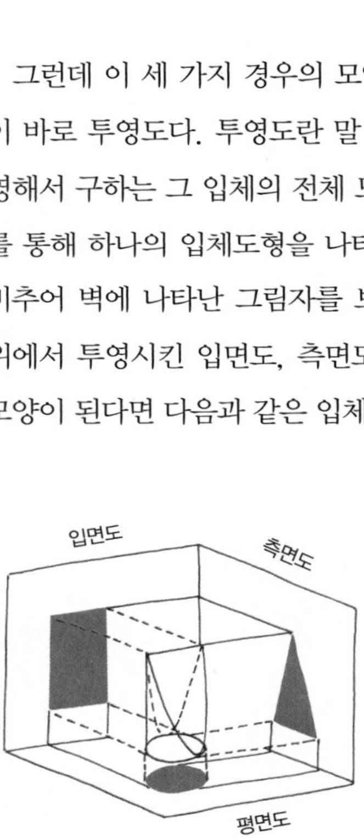

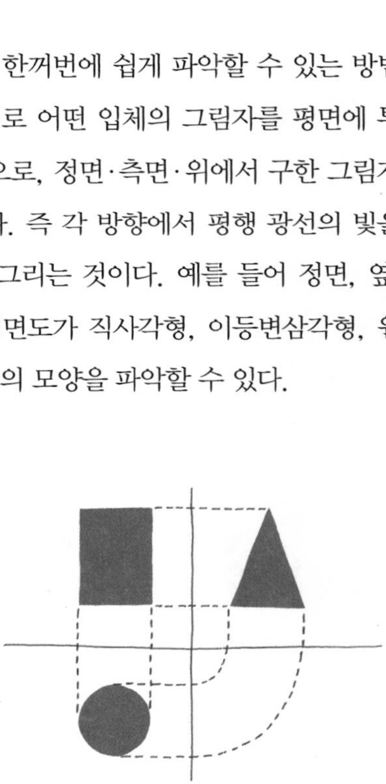

몽주가 사용한 방법이 바로 이런 투영도였고, 이것을 통해 화법기하학이 탄생했다. 화법기하학은 종이 한 장에 투영도를 그려서 설계도를 간단하고 쉽게 만들 수 있었기 때문에 건물 설계나 기계공학에 널리 쓰였다. 특히 공업 설계에 혁신을 일으켜 기계의 대량생산이 가능해졌다. 즉 가구, 설비, 자동차, 선박 등의 공업 설계에 없어서는 안 되는 중요한 기하학이다.

몽주는 해석기하학과 미분기하학에도 선구적인 구실을 했다. 1794년에 종합공과대학인 에콜폴리테크니크의 설립을 주도해 초대 교장을 맡았고, 여기에서 그의 가르침을 받은 제자들이 프랑스의 기하학을 발전시키고 많은 업적을 남겼다. 에콜폴리테크니크는 신분이나 경제적 지위의 차별 없이 시험만으로 인재를 폭넓게 선발해 프랑스에서 이공계 최고의 학교로 꼽힌다. 수학을 좋아하던 나폴레옹이 이 학교를 '황금알을 낳는 거위'라고 부르며 크게 발전시켰다. 대혁명 이후 루이 16세의 사형 집행을 승인하는 지위에까지 오르며 혁명을 주도한 몽주는 국민의회의 도량형위원회에서 미터법을 만드는 데도 참여했다. 몽주가 해군 장관일 때 포병 장교였던 나폴레옹을 만나, 두 사람이 국정을 함께했다. 나폴레옹이 집권했을 때 몽주가 최측근으로서 개혁을 도운 것이다. 몽주는 나중에 백작 작위까지 받아서 소년 시절에 받은 신분 차별의 한도 풀었다. 그러나 나폴레옹이 실각하고 루이 18세Louis XVIII가 즉위해 왕정이 복고되자, 몽주는 혁명을 주도한 나폴레옹 지지자라는 이유로 공직에서 추방되고 모든 명예를 박탈당했다. 심지어 과학아카데미 명부에서도 그의 이름이 빠졌다. 그는 혁명이 좌절되고 과거로 돌아가는 사태를 지켜보면서 온갖 박해를 받다 병에 걸려 숨졌다. 그래도 그의 무덤과 기념비는 프랑스 위인의 전당인 팡테옹에 있다.

감옥에서 그린 도형, 퐁슬레의 사영기하학

에콜폴리테크니크에서 몽주의 제자였던 퐁슬레는 화법기하학을 체계화해 사영기하학으로 발전시켰다. 사영기하학 연구는 데자르그가 시작하고 몽주와 카르노Lazare Carnot가 발전시켰는데, 19세기에 퐁슬레가 수학의 독립적인 분야로 체계화했기 때문에 그를 현대 사영기하학의 창시자로 본다. 이렇게 프랑스에서 새로운 기하학 세 가지, 즉 17세기 데카르트의 해석기하학·18세기 몽주의 화법기하학·19세기 퐁슬레의 사영기하학이 탄생했다.

퐁슬레는 1812년에 공병 장교가 되어 나폴레옹의 러시아 원정에 참전했다가 중상을 입고 포로가 되었다. 그는 갇혀 지낸 2년 동안 감옥 벽에 숯으로 그림을 그려 가며 사영기하학의 토대를 다졌다. 프랑스로 돌아와서는 체계적인 연구를 진행하고 1822년에 《도형의 사영 성질에 관하여Traitédes propriétés projectives des figures》를 발표했다. 사영기하학 발전의 이정표가 된 이 논문은 많은 수학자를 이 연구로 뛰어들게 해 19세기 수학의 새 분야를 열었다. 화법기하학처럼 사영기하학도 전쟁이 남긴 성과물이다.

'사영'이란 어떤 한 점에서 빛을 대상물에 비춰 투영된 도형이나 입체를 다른 평면으로 옮기는 것이다. 사람의 눈이 바로 그에 해당된다고 할 수 있는데, 우리가 원근을 구분하는 것은 사물을 사영기하학적 관점에서 바라보기 때문이다. 화법기하학과 사영기하학이 빛을 투영하는 점에서는 같지만, 화법기하학의 빛은 평행하게 비추는 평행광선이고 사영기하학의 빛은 사람의 눈처럼 한 점에서 투영한 점광원 광선이라는 점이 다

퐁슬레는 사영기하학을 체계적으로 발전시킨 데서 멈추지 않고 이론을 실제 산업에 응용하는 데 역점을 두었다. 기계 연구를 시작해 터빈의 이론을 개척하고 '퐁슬레 수차'를 설계하기도 했다.

르다. 한 점에서 나아가 만들어지는 사영을 평면으로 자르면 사영평면이 만들어지고, 대상을 보는 위치와 절단에 따라 사영변환은 수없이 발생한다. 이렇게 사영과 절단에 따라 사영변환이 된 도형의 성질을 연구하는 것이 사영기하학이다. 기존 기하학이 고정된 시각으로 도형을 바라보았다면, 사영기하학은 점광원에서 무수히 많은 평면에 투영해 다양하게 나타나는 도형을 연구하는 것이다. 두 점 간의 거리와 각도는 고려하지 않으며 평행선이란 존재하지 않고 무한의 원점에서 만나게 되는 연속성을 가진다.

퐁슬레는 사영기하학에 중요한 수학의 원리, 즉 도형의 모양과 위치가 바뀌어도 도형의 성질은 변하지 않는다는 '연속의 원리'를 사용했다. 이것은 각의 크기와 선분의 길이와 도형의 넓이 같은 양은 무시하고 점과 선의 연결 상태만 고려한다. 다음 그림은 사영기하학의 원리를 나타낸

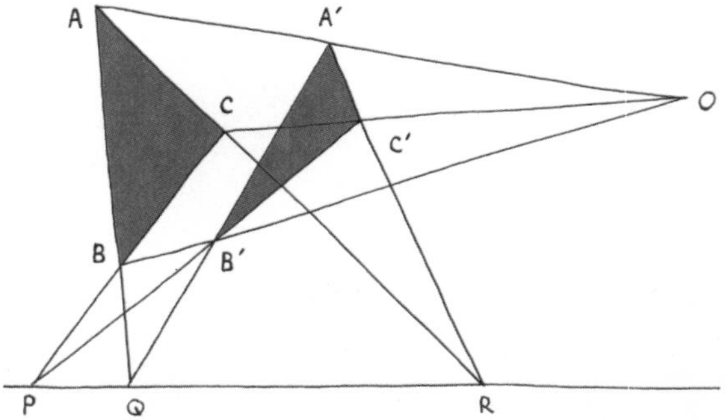

것인데, '두 삼각형의 서로 대응하는 꼭짓점을 연결한 직선이 한 점에서 만난다면 대응하는 변의 교점은 일직선 위에 있다'는 것을 보여 준다. 즉 두 삼각형의 대응변 AB, A′B′를 연장한 직선의 교점 Q와 대응변 BC, B′C′를 연장한 직선의 교점 P 그리고 대응변 AC, A′C′를 연장한 직선의 교점 R은 일직선 위에 있게 된다.

사영기하학의 원리를 이용하면 물체의 위치를 산출해 낼 수 있다. 1960년대에 영국 여객기가 추락해 승객이 모두 사망한 사건이 있는데, 추락 순간에 한 승객이 찍은 지상의 풍경 사진이 발견되었다. 사영변환으로 이 사진이 지형도 위에서 사다리꼴이 되었고, 이것을 기초로 추락 당시 항공기의 고도와 위치를 알아냈다.

19세기부터 수학의 한 분야로 자리 잡은 사영기하학은 미술과 건축을 중심으로 실용적인 기하학이 되었다. 사진이나 영상 산업의 발전에도 기여했다. 사영평면은 스크린과 같은 효과가 있기 때문에 2차원 평면인 모니터나 스크린에서 3차원 입체 이미지를 만드는 데 꼭 필요한 이론이 되었다. 현재 디지털 애니메이션, 특히 최근 각광받는 3D 입체 영상에 응용되며 컴퓨터 시뮬레이션 설계 같은 현대 산업의 다양한 분야에서 활용되고 있다.

베르사유 궁전을 거닐다 2

프랑스 수학 2

1
1.6

1
도량형의 통일, 미터법

절대왕정의 상징, 베르사유궁전

유럽의 중앙에 있는 프랑스는 전쟁이 끊이질 않았다. 프랑스의 역사는 곧 전쟁의 역사라고 할 만큼 수많은 전쟁이 있었다. 9세기 초 샤를마뉴 대제Charlemagne 때 서유럽 대부분을 통합하고 대제국을 이루었으나 곧 분열돼 지방분권의 공국이 형성되면서 분쟁이 잦은 가운데 파리와 오를레앙을 축으로 한 일드프랑스가 핵심 세력이 되었다. 그동안 발생한 굵직한 전쟁만 해도 십자군 원정, 영국과 맞서며 잔 다르크Jeanne d'Arc가 활약한 백년전쟁, 위그노 종교전쟁과 30년전쟁 등이 있다. 그 후로도 유럽에서 일어난 많은 전쟁에서 프랑스는 중심에 서 왔다.

17세기 유럽의 전쟁 소용돌이 속에서 프랑스가 전성기를 맞으며 절대왕정 시대를 펼친 것은 루이 14세 때다. 유럽의 패권을 두고 벌어진 30년전쟁이 종결되었을 때 유럽의 지도는 크게 변했고, 패권은 프랑스의

베르사유궁전은 프랑스 절대왕정의 상징이었는데 프랑스 의회 의사당으로도 이용되어, 이곳에서 1875년에 제3공화국의 헌법이 반포되고 대통령들이 선출되었다. 한편 파리를 침공한 독일군이 본부로 사용하고 빌헬름 1세가 대관식을 치르는 등 파란만장한 역사의 무대다.

부르봉 왕가로 넘어갔다. 1682년에 루이 14세는 거처할 궁전을 파리에서 베르사유로 옮기고 100년 절대왕정 시대를 열었다. 베르사유궁전은 3대에 걸쳐 프랑스 왕궁으로 사용된 절대 권력의 상징물로서 약 100년 동안 프랑스의 정치와 문화, 예술의 중심이 되었다.

지하철을 타고 파리에서 남서쪽으로 약 20킬로미터 떨어진 베르사유로 향했다. 지하철은 낡고 어두침침했으며 사람들의 표정은 아침 기온만큼 쌀쌀했지만, 전원 풍경이 펼쳐져 기분이 상쾌해졌다. 종점인 베르사유 역에 내려서 조금 걸으니 프랑스 왕가의 화려한 금박 문장을 단 궁전의 정문이 보였다. 베르사유궁전은 넓은 평원에 수평적으로 펼쳐져 있었

베르사유궁전의 화려한 모습. 거울로 된 벽과 화려한 천장화와 샹들리에로 알려진 거울의 방인데, 이 방에서 1차세계대전 후 연합국과 독일이 베르사유 조약을 맺었다.

다. 옆으로 길게 이어지는 궁전 건물은 전체 길이가 680미터나 된다. 베르사유궁전은 건축 당시 뻗어 나가던 프랑스 국력을 수평적 확장으로 보여 주었다. 중세 고딕 양식의 건축을 대표하는 것이 신을 상징하며 하늘로 뻗은 수직선이라면, 절대왕정 시대의 건축은 왕권과 영토 확장을 의미하는 수평선이 상징한다. 끝없이 펼쳐진 수평의 중심에는 왕의 침실을 두고 그가 절대적 존재임을 강조했다. 루이 14세는 자신을 태양왕으로 칭하며 '짐은 곧 국가'라고 선언했다.

궁전으로 들어가면 오른쪽에 망사르Jules Hardouin Mansart가 설계한 왕실 예배당이 있다. 그 옆으로 화려한 그림이 가득한 회화 방들이 이어지는

데, 모두가 거대한 캔버스이자 미술 전시장이다. 루이 14세의 초상화와 기마상 부조, 은제 왕좌가 있는 호화로운 방을 거쳐서 베르사유궁전에서 가장 화려한 '거울의 방'으로 들어섰다. 아름다운 천장화 아래로 매달린 크리스털 샹들리에가 눈부셨다. 황금 촛대와 화병, 보석 왕관 등 눈을 두는 장식품마다 감탄을 일으켰다. 모두가 화려하고 사치스러운 바로크와 로코코 양식의 예술품이다. 궁전의 정면에 자리한 왕의 침실에서는 드넓은 정원이 한눈에 내려다보였다. 루이 16세와 앙투아네트는 이 방의 발코니로 나와서 밀려든 혁명 군중에게 고개를 숙이고 항복했다.

궁전 건물 밖으로는 아름다운 정원이 끝없이 펼쳐진다. 드넓은 녹색 잔디밭을 거쳐 장대하게 뻗은 인공 호수가 지평선에 닿아 있다. 십자 모양인 대운하에서는 뱃놀이를 하고, 호수 양옆 숲에는 음악회와 무도회가 열리는 야외 전당도 있다. 관광객들이 북적이는 정원을 벗어나 궁전을 순회하는 미니 전차를 타고 넓은 운하와 숲속의 별궁까지 둘러보았다. 한 세기에 걸친 부르봉왕조의 흥망성쇠를 둘러본 느낌이었다. 옛 왕조의 영화는 찾을 수 없고 스산한 분위기만 감돌았다.

절대왕정 시대 왕실에 딸린 인원은 2만 명이나 되었고, 조신과 수행원 등 수천 명이 궁전에서 함께 생활했다. 베르사유궁전의 화려함은 18세기에 절정이었다. 날마다 축제와 무도회가 벌어졌고 귀족들은 사치와 향락을 좇느라 정신이 없었으며 국가재정은 파탄에 이르렀다. 민중은 당연히 도탄에 빠졌다. 흉년과 기근에 허덕이는 민중에게 전염병까지 덮쳐 원성이 드높았다.

1789년 선거를 통해 성직자, 귀족, 제3신분으로 삼부회가 구성되어 베르사유궁전에서 소집되었다. 그러나 삼부회는 곧 분열되었고 제3신분대의원들은 따로 모여 헌법 제정을 결의했다. 이 삼부회 사건이 혁명의 도화선이 되었고, 혁명의 첫 무대는 바로 베르사유궁전이었다. 국왕이 헌법제정국민의회 구성을 무산시키려고 하자 분노한 파리 시민들이 부르봉왕조의 폭정을 상징하는 바스티유 감옥을 습격했다. 1789년 7월 14일, 프랑스혁명의 대역사가 시작된 것이다.

바스티유에서 출발한 시민 헌법과 혁명 달력

파리 시청에서 동쪽으로 바스티유 광장이 있다. 광장 중앙에는 높이가 52미터인 혁명 기념탑이 보인다. 이 자리에 있던 바스티유 감옥은 원래 높은 성벽으로 지어진 요새였고 17세기부터 주로 정치범인 주요 인물들을 감금하는 곳이 되었다. 당시 이곳에 한번 감금되면 법적인 절차도 통하지 않아 어디에 호소할 방법이 없었다. 철가면이 수감되어 죽은 곳으로도 알려졌고, 계몽주의 작가 볼테르Voltaire와 정치가 미라보Victor Riqueti de Mirabeau도 수감된 적이 있다.

혁명 후 국민의회는 〈인권선언〉을 발표하고 구체제를 철저히 무너뜨렸다. 자유, 평등, 개인 재산의 불가침, 압제에 저항할 권리 등을 천명한 17조항의 〈인간과 시민의 권리선언〉은 인간의 자유와 민주주의에 대한 기본 헌장으로 현재 프랑스 헌법의 전문이 되었다. 또 근대 헌법전의 기본이 되어 프랑스뿐 아니라 많은 국가에서 이 인권선언의 원칙을 헌법으로 채택하고 있는데, 우리나라의 헌법 전문도 그 내용이 같다.

"인간은 자유롭고 평등한 권리를 가지고 태어났다.(제1조) 정치적 결사의 권리를 보장하며 그 권리는 자유와 소유, 안전, 압제에 대한 저항이다.(제2조) 모든 주권은 국민에게 있으며(제3조) 모든 시민은 법 앞에 평등

프랑스혁명 대역사의 시작을 보여 준 우엘의 작품 〈바스티유 감옥의 함락〉.

하고, 입법 활동에 참여할 권리를 가진다.(제6조) 자의적 명령으로는 누구도 체포, 구금할 수 없다.(제7조) 모든 사람은 유죄로 선고되기까지는 무죄로 추정된다.(제9조) 사상과 의견의 자유로운 소통은 인간의 가장 귀중한 권리다.(제11조)" 등 17조항을 하나씩 읽다 보면, 200여 년 전 저항과 투쟁으로 얻은 인간의 자유와 권리가 지금 우리의 소중한 현실임을 깨닫는다.

왕정을 폐지하고 공화정을 수립한 혁명정부는 봉건적 구습을 타파하고 새로운 사회체제를 세우기 위해 개혁을 단행했다. 먼저 교회가 만든 달력인 그레고리력을 없애고 혁명 달력을 만들었다. 새로운 시간 계산법

프랑스혁명기에 제안되어 1793년부터 약 12년간 프랑스 행정부가 사용한 달력(왼쪽)은 십진법을 사용한 것과 평등을 내세워 매월의 길이가 똑같은 것이 특징이다. 오른쪽은 로잔역사박물관에 있는 혁명력이다.

을 적용한 프랑스 혁명력은 1793년 10월 5일에 의회를 통과했다. 이 달력은 공화정을 수립한 해를 혁명 원년으로 하고, 낮과 밤의 길이가 같은 날인 추분을 한 해의 첫날로 정했다. 1년은 30일씩 균등하게 나눈 열두 달이고, 마지막 남은 5일은 혁명 세력의 이름을 따다 '상퀼로티드'라고 했다. 상퀼로티드는 상류층이 입는 치마바지인 퀼로트를 입지 않은 사람, 곧 하층민을 뜻한다. 이렇게 해서 그레고리력의 1792년 추분인 9월 22일을 혁명 원년의 첫날로 하는 달력이 시작된다. 이 달력에서 가장 혁명적인 것은 교회의 지배를 벗어난다는 뜻을 담아 7일 주기를 십진법에

바스티유 광장에 서 있는 혁명 기념탑. 1830년 7월 혁명을 기념해 세운 이 탑 아래에 1848년 2월 혁명의 희생자들도 안치되었다.

따른 10일 단위로 바꾼 데 있다. 그러나 6일이 아니라 9일을 일해야 하루를 쉴 수 있으니 1년의 휴일 중 3분의 1이 줄어든 달력을 민중이 반대하고 나섰다. 결국 혁명 달력은 10여 년 만에 폐기되고, 1806년 나폴레옹 체제 때부터 다시 그레고리력을 썼다.

바스티유 광장에 서 있는 탑은 '7월 혁명 기념탑'이다. 이 탑 아래에는 1848년에 일어난 2월 혁명 희생자들의 유체도 안치되었다. 왕정복고로 혁명이 좌절된 1830년 7월, 파리 시민들이 다시 일어났으며 이 혁명이 위고Victor Hugo의 〈레미제라블Les Misérables〉에 묘사되었다. 이때 벌어진 3일간의 시가전은 '영광의 3일'로 불리며 여러 예술 작품의 주제가 되었다. 제2공화정을 수립한 2월 혁명 후에도 1871년에 파리코뮌 항전을 치렀다. 정부군이 시민군을 학살한 '피의 일주일'로 불리는 이 항전에서 2만

명이 희생하고서야 1875년에 제3공화정을 수립했다. 이렇게 프랑스혁명은 한 세기 동안 성공과 실패, 저항과 좌절을 반복하며 대역사를 썼다.

바스티유 광장 앞에는 대혁명 200주년에 '오페라 바스티유'가 세워졌다. 위고의 집이 있는 보주 광장도 가깝다. 그런데 어디에선가 나지막하게 들리는 행진곡이 광장 주변에 퍼져 나갔다. 영화와 뮤지컬에서 들어 익숙한 〈라마르세예즈La Marseillaise〉였다. 현재 프랑스 국가인 이 노래는 한 혁명군 장교가 만든 군가로, 마르세유의 의용군들이 많이 불렀다고 한다. 물론 왕정복고 시기에는 금지곡이었다. 시민의 힘으로 평등한 사회를 만들고 인권의 가치를 세계에 알린 프랑스는 7월 14일을 혁명 기념 국경일인 '바스티유 날'로 정해 지키고 있다. 이날 내내 파리에서 가장 큰 축제가 펼쳐져, 시민들이 혁명 당시 구호를 외치며 거리를 행진하고 불꽃놀이도 한다.

새로운 도량형, 미터의 탄생

프랑스혁명기에는 모든 분야에서 혁명이 일어났는데, 그중에서도 성공적으로 추진된 것은 도량형 체계의 혁명이다. 혁명 달력의 짧은 생명과 달리, 새로운 단위 '미터'는 전 세계적으로 채택되어 지금까지 사용되고 있다. 혼란스럽고 비과학적인 도량형을 정리하고 과학적인 단위 체계인 미터법을 만들어 널리 사용하게 된 것은 18세기 수학의 중요한 업적 중 하나다.

당시 프랑스 국내외에서는 도량형 단위가 제각각이라, 나라 간 교역에도 서로 다른 단위들이 섞여 쓰여서 복잡한 상황이었다. 도량형은 길이度, 부피量, 무게衡를 뜻하는 한자가 합해진 말로 단위 체계를 가리키며

들랑브르(왼쪽)와 메생은 파리를 통과하는 자오선 길이를 정확하게 측정해 1미터의 기준을 마련했다.

도량형 기구로는 자, 되, 저울 등이 있다. 도량형에서 기본이 되는 것은 길이의 단위다. 길이 단위가 있으면 다른 단위, 즉 넓이와 부피와 무게의 단위도 정할 수 있기 때문이다. 프랑스는 혁명 후 의회에서 통일적인 도량형 단위를 위해 '미래에도 영원히 바뀌지 않는 것을 기초로 삼아 과학적으로 만들자'는 제안을 했다. 당시 쓰이던 야드, 파운드, 피트, 인치 같은 단위는 손이나 발과 팔 등 인체에 기초해 정한 것이었고 십진법 체계도 아니었다.

국민의회는 곧바로 도량형위원회를 구성하고 과학아카데미에서 영원히 변하지 않는 과학적이고 새로운 단위 체계를 만들도록 했다. 몽주, 라그랑주, 라플라스Pierre Simon Laplace, 콩도르세Marquis de Condorcet 등 수학자들을

프랑스 화가 베르네가 삼각측량을 하는 측량사를 그렸다.

중심으로 도량형 위원 일곱 명이 구성되었다. 위원 구성은 혁명의 상황에 따라 달라져서, 혁명 지지자가 아니던 수학자 르장드르는 프랑스 전체 토지를 수학적인 삼각측량법으로 측량한 업적이 있는데도 처음부터 제외되었으며 라플라스는 나중에 추방당했다. 또 온건파 혁명 위원이던 콩도르세는 공포정치 기간에 감옥에서 죽었고, 근대 화학의 창시자로 불리는 라부아지에Antoine Laurent Lavoisier는 단두대에서 처형당했다.

혁명기의 혼란 속에서 도량형위원회가 1791년에 지구의 북극에서 남극을 잇는 자오선을 새 단위의 기초로 삼아 표준 단위를 '미터'로 결정했다. '미터'는 측정을 뜻하는 그리스어 '메트론metron'에서 따온 말이다. 이듬해에 들랑브르Jean B. J. Delambre와 메샹Pierre Mechain, 두 천문학자가 자오선 길이를 정확하게 재기 위해 각각 파리의 북쪽과 남쪽으로 떠났다. 두 사

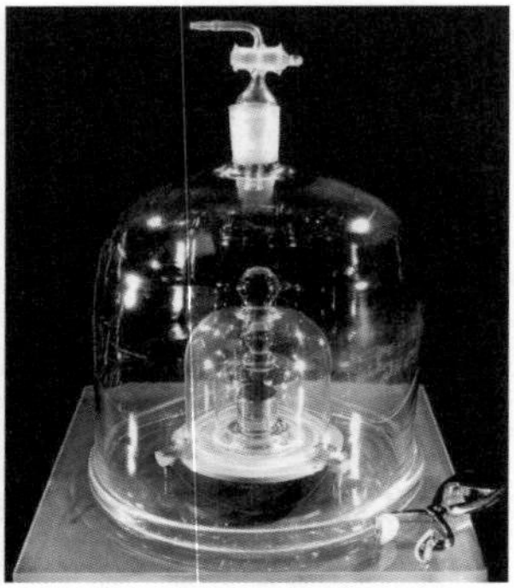

지구 자오선 길이의 4000만분의 1로 정한 길이의 기준이 되는 미터의 원기(왼쪽)와 킬로그램 원기.

람은 7년간 갖은 고생을 다한 끝에 프랑스 북부 됭케르크에서 스페인 바르셀로나에 이르는 거리를 삼각측량법으로 실측한 뒤 마침내 북극에서 파리를 통과해 적도에 이르는, 지구 자오선의 사분원에 해당하는 길이를 구했다. 자오선 길이는 지구 둘레인 약 4만 킬로미터이므로 사분원의 길이는 1만 킬로미터, 즉 1000만 미터 정도다. 그래서 표준 미터를 이것의 1000만분의 1로 정했다.

삼각측량법은 기원전 1세기 무렵 알렉산드리아의 기하학자 헤론Heron이 처음 사용한 기법으로, 삼각형의 한 변과 양 끝의 각을 알면, 다른 두 변과 각을 평면삼각법으로 쉽게 계산할 수 있다는 이론에 기초한다. 즉 한 변을 재고 그 양 끝 각을 재면 삼각형이 하나 만들어지고, 이 방법으로 계속 작도하면 모든 땅의 거리와 각도를 얻을 수 있다는 것이다. 이런 원리에 따라 자오선 길이의 4000만분의 1이 1미터가 되었고, 이를 십진법을 채택한 길이의 표준 단위로 삼은 것이다. 질량의 기본단위인 그램

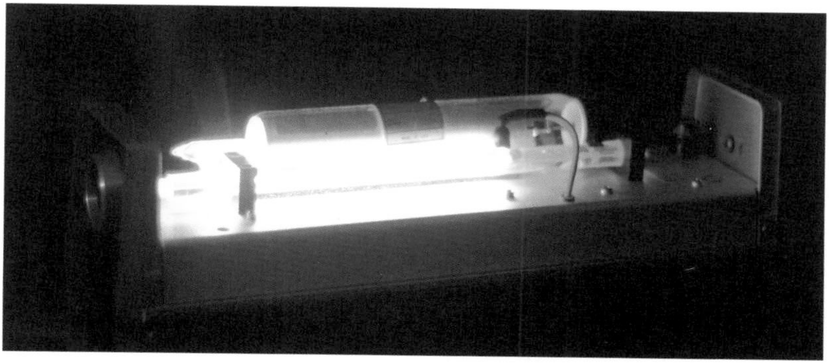

표준 미터의 길이를 정하는 헬륨네온 레이저. 1983년부터 진공 상태에서 헬륨네온 레이저 파장을 이용해 1미터 표준 길이를 정하고 원기를 만들고 있다.

은 물의 밀도가 최대치인 섭씨 4도일 때 물 1세제곱센티미터의 무게가 되도록 하고, 물 1리터의 무게를 질량 단위 1킬로그램으로 했다. 그리고 미터와 킬로그램의 기준이 되는 기구인 원기를 백금으로 만들었다.

1799년에 프랑스 공화정은 '모든 사람을 위한, 모든 시대를 위한 단위'로 미터법을 발표하고 법률로 제정했다. 미터 단위는 이미 1791년부터 많은 분야에서 사용되기 시작했고, 정확한 실측과 원기 제작 및 법률 제정만 남은 셈이었다. 프랑스의 혁명전쟁과 나폴레옹의 원정으로 미터법은 자연스럽게 유럽에 퍼져 나갔다. 그래도 전통적 도량형을 극복하는 데는 오랜 시간이 필요했고, 1840년에야 새로운 단위만 강제하는 미터법 제도가 시행되었다. 또 원기도 온도에 따른 부피 변화가 가장 적은 백금과 이리듐의 합금으로 만들었다.

미터법은 과도기를 거친 뒤에 세계적인 도량형으로 발전했다. 1875년에 미터법 조약이 체결되고 국제도량형연맹이 조직되었다. 새로운 도량형인 미터법이 국제적으로 정착되기까지 프랑스혁명 기간과 맞먹는 한 세기가 걸린 것이다. 나중에는 미터원기를 변하지 않는 기준으로 만들기 위해 금속 대신 빛의 파장을 이용했다. 1983년에 진공 속 레이저 파장을 이용해 1미터의 표준 길이를 정한 것이다. 현재 파리 근교 세브르에 자리한 국제도량형국 본부는 국제표준원기를 보관하고 있다. 우리나라는 1959년에 국제도량형국의 회원국이 되었으며 1964년부터는 미터법만 쓰도록 법률로 정했다.

2

프랑스혁명기의 수학자들과 갈루아의 '군론'

파리 자오선이 지나는 카르티에라탱

바스티유 광장에서 센 강 건너 좌안 지역으로 향했다. 광장 밑으로는 센 강까지 연결되는 지하 수로가 있어서 배가 다닌다. 생루이 섬에 걸친 다리 건너로 기하학 무늬가 멋진 아랍세계연구소 건물이 보였다. 강변을 따라 걸어서 생제르맹 대로와 생미셸 대로가 교차하는 곳까지 갔다. 서쪽에는 파리에서 가장 오래된 생제르맹데프레 교회가 있고, 동쪽은 역사가 오랜 지성과 예술의 거리인 카르티에라탱 지역이다. 13세기의 신학자 소르봉Robert de Sorbon이 창립한 소르본대학은 파리 대학의 핵심이자 유럽 학문의 중심지가 되었다. 그리고 이 일대에서 학생과 선생 들이 라틴어를 쓴 것 때문에 카르티에라탱, 즉 라틴 지구로 불리게 되었다. 소르본대학을 중심으로 데카르트대학·퀴리대학 등 파리 대학교에 포함된 유수한 대학들과 국립 고등사범학교인 에콜노르말이 자리하고, 수재들이 다

카르티에라탱 거리의 소르본대학은 1257년에 세워진 프랑스 최초의 대학으로 유럽 학문의 중심이 되었다. 카르티에라탱에서 라신, 들라크루아, 사르트르 등 예술가들이 활동을 펼쳤다.

니는 명문 학교와 같은 교육 시설이 많다. 또 대학가답게 서점과 카페, 음식점도 많다. 극작가 라신Jean Racine이 이곳에 머물렀고, 화가 들라크루아Eugéne Delacroix를 비롯한 예술가들의 작업실도 있었다. 19세기에는 출판사들까지 모여들면서 예술가, 작가, 사상가 들이 찾아 유명한 찻집도 많아졌다. 특히 사르트르Jean Paul Sartre와 보부아르Simone de Beauvoir가 대표하는 실존주의 운동이 번성한 장소다. 몇몇 카페에는 지금도 예술가와 지식인들이 모여든다. 파리의 오래된 건물 중 하나인 생테티엔뒤몽 교회도 이곳에 있다. 오랜 세월 때문에 고딕을 비롯해 다양한 건축양식을 보여 주

파리의 수호 성녀 주느비에브의 유골이 안장된 생테티엔뒤몽 교회에는 파스칼의 무덤이 있다.

는데, 이 교회 안에 파스칼과 라신의 무덤이 있다. 대학가 앞 뤽상부르 궁전에서 뛰어난 조각 작품과 분수를 보고 벤치에 앉아 점심을 먹었다. 파리에서는 가끔 음식을 사다 공원에서 먹는 것으로 식사를 해결했는데, 관광지를 벗어나 주택가의 가게를 이용하면 저렴한 데다 맛도 좋았다. 무엇보다도 어느 가게든 빵 맛은 역시 최고였다.

카르티에라탱은 뤽상브르 공원을 지나 생미셸 대로를 따라 파리 천문대까지 이어져 있다. 그리고 파리 천문대로 가는 길목의 잔디 공원에 만들어진 옵세르바투아르(천문대) 분수를 동경 2도 20분 17초의 파리 자오선이 지난다. 도량형을 정할 때 바로 이 지점을 통과하는 자오선을 측량해서 표준 미터의 길이를 구한 것이다. 1873년에 만들어진 분수 중앙에 카르포Jean Baptiste Carpeaux의 조각 〈천구를 지탱하는 지구의 네 부분Les Quatre

옵세르바투아르 분수대의 북쪽에는 뤽상부르 정원이, 남쪽에는 파리 천문대가 자리하고 있다.

parties du Monde soutenant la sphère céleste〉이 보이는데, 이 자리에 딱 어울리는 이 작품의 진품은 오르세미술관에 전시되어 있다.

푸코의 추가 매달린 팡테옹, 수학자들이 잠들다

소르본대학 옆에 팡테옹의 거대한 돔이 우뚝 솟아 있다. 로마의 판테온과 닮은 이곳에 프랑스의 위인들이 묻혔다. 신고전주의 양식의 건축물인 팡테옹은 원래 생트주느비에브 교회였다. 파리 사람들은 병이 나거나 전쟁이 터지면 파리의 수호성인인 주느비에브Sainte Geneviève에게 기도했는데, 루이 15세Louis XV도 마찬가지였다. 병에 걸렸던 그가 기도 끝에 건강을 회복하면서 그 자리에 파리 최고의 교회를 새로 짓기로 했다. 왕명에 따라 건축가 수플로Jacques Germain Soufflot가 웅장하게 설계한 대성당은 프랑스대

프랑스대혁명 후 프랑스 위인들의 안식처가 된 팡테옹에 몽주, 라그랑주, 콩도르세 같은 수학자들도 잠들어 있다.

혁명 직후 1790년에 완성되었다.

팡테옹은 혁명기를 거치며 몇 번이나 용도가 바뀌었다. 혁명정부는 이곳에 혁명 영웅들을 안치하고 로마의 만신전, 판테온에서 이름을 따왔다. 왕정복고기에는 다시 왕실의 예배당과 묘소가 되었다가 파리코뮌 때는 혁명 사령부가 자리 잡기도 했는데, 공화국 수립 후 1885년에 위고가 묻히면서부터 프랑스 위인들의 안식처로 정착되었다. 이곳에 볼테르와 사상가 루소Jean Jacques Rousseau, 졸라Émile Zola가 안치되었고 과학자 퀴리 부부Pierre and Marie Curie도 묻혀 있다. 2차세계대전 때는 레지스탕스 지도자들이 묻혔고 최근 국가 지도자들도 안장되고 있다.

팡테옹의 길이는 110미터, 정면 높이 83미터, 폭 84미터로 가로와 세로의 길이가 거의 같다. 코린트 양식 기둥 위에 "조국이 위인들에게 감사를 표하다."라는 문구와 혁명 영웅들의 모습을 새긴 삼각형 부조가 보인다. 내부는 거대한 회화와 모자이크로 장식되었는데, 성녀 주느비에브의 생애와 프랑크왕국을 창시한 클로비스 왕Clovis · 잔 다르크 같은 프랑스의 영웅과 역사적인 장면을 표현했다. 그리고 프레스코화가 그려진 돔 천장에는 푸코Jean Bernard Léon Foucault의 진자가 있다. 프랑스의 물리학자 푸코가 지구의 자전을 최초로 증명한 실험을 재현한 것이다.

1851년에 푸코가 돔 천장에 연결한 67미터 길이의 강철 줄에 28킬로그램짜리 추를 매달고 기구를 이용해 계속 진동시켰다. 그러고 나서 추의 움직임을 그 아래 바닥에 둔 눈금과 비교해 보니, 진동면이 회전하는 것을 알 수 있었다. 이것은 지구가 자기 축을 중심으로 회전한다는 것, 즉 지구의 자전을 증명한다. 푸코의 진자는 극지방에서 회전속도가 가장 빠르고 위도가 낮아질수록 속도가 느려져 적도에서는 회전하지 않는다. 진자의 회전속도는 위도에 대한 사인sin값과 지구 회전속도의 곱으로 계산할 수 있다. 자전하는 지구는 24시간마다 360도씩 회전해 시간당 회전속도가 15도다. 북위 30도라면 사인 30도가 0.5이므로, 푸코 진자의 시간당 회전속도는 7.5도(15도×0.5)다.

팡테옹 뒤쪽에 위인들의 묘소로 들어가는 입구가 있다. 현재까지 지하에 약 80명이 안치되었고, 그중에는 몽주·콩도르세·라그랑주·카르노 같은 수학자도 있다. 이 네 사람은 모두 혁명기에 활동했다. 수학자들도 혁명과 무관할 수는 없었다. 바스티유 감옥이 함락되자 프랑스의 모

팡테옹의 돔 천장에 매달린 '푸코 진자'(위)와 지구의 자전을 최초로 증명한 이 혁명적인 실험이 있던 날의 한 장면이다.

든 분야에서 혁명과 반혁명 세력이 갈렸듯이, 수학자들도 두 집단으로 나뉘었다. 혁명의 편에서 공화주의를 지지한 수학자로는 몽주와 콩도르세, 카르노를 들 수 있다. 이들은 혁명이 좌절되고 왕정이 복고되자 추방당하거나 감옥에서 죽기도 했다. 반면에 혁명과 다른 길을 걸은 수학자들도 있다. 물론 그들 중에는 부유층 출신으로 왕정을 지지하고 혁명을 반대한 사람도 있지만, 대부분은 당시 상황에 상관없이 연구에만 몰두했다.

혁명가 수학자로는 카르노가 가장 유명하다. 메지에르공병학교에서 몽주의 제자였던 카르노는 '완전하지 않은 탄력성이 있는 물체가 충돌하면 운동에너지는 소멸한다'는 것을 최초로 증명한 논문을 썼다. 혁명 후에는 에콜폴리테크니크에서 지도하며 혁명정부와 혁명군의 중요한 직책을 맡았다. 그는 1793년에 프랑스혁명을 무너뜨리기 위해 동맹을 맺은 유럽 연합군의 수십만 대군이 프랑스를 침입하자 불리한 싸움을 성공으로 이끌어 '승리의 조직자'로 불리는 국민적 영웅이 되었다. 정치 활동을 하면서도 미적분학에 관한 논문을 쓰고 수학에 몰두했으며 중요한 업적인 〈위치 기하학Geomerrie de transversals〉을 발표했다. 하지만 왕정복고 뒤에 '화해할 수 없는 왕의 적'으로 지명되어 추방당하고 독일에서 궁핍하게 지내다 생을 마쳤다. 카르노의 아들Nicolas Léonard Sadi Carnot도 과학자로서 '카르노 순환'이라는 중요한 열기관 이론을 만들었다. 하지만 혁명가로 이름을 떨치고 추방당한 아버지 때문에 이 이론은 무시당했고 변변한 연구직도 얻지 못했다. 아버지 카르노의 명예는 그가 숨지고 50여 년 뒤인 1875년에 공화국이 수립되면서부터 회복되었다. 그의 손자Sadi Carnot가 대통령이 되고, 카르노의 유해는 파리로 돌아와 팡테옹에 묻혔다. 카르노

왼쪽부터 카르노(1753~1823), 콩도르세(1743~1794), 푸리에(1768~1830).

대통령도 에콜폴리테크니크 출신 과학자였으며 현재 팡테옹의 할아버지 옆에 묻혀 있다. 카르노 3대는 이렇게 혁명기에 과학자와 정치가의 길을 동시에 걸어 유명해졌다.

한편 팡테옹에 묻히지는 않았으나 혁명에 참여하고 공화주의자로 활동한 수학자로는 퐁슬레와 푸리에Jean Baptiste Joseph Fourier가 있다. 재단사의 아들로 태어나 고아로 자랐지만 혁명에 적극적으로 참여해 남작 작위까지 받은 푸리에는 에콜폴리테크니크의 교수가 되었고 몽주와 함께 나폴레옹의 이집트 원정에도 참여했는데, 나폴레옹이 몰락하고 왕정이 복고된 뒤 모든 정치 활동을 중단하고 학문에만 몰두했다. 그러다 1822년에 발표한 수리물리학의 위대한 저서 《열 해석 이론Théorie analytique de la chaleur》에서 '푸리에 급수'로 불리는 삼각급수를 만들었다. 푸리에 급수는 미분방정식과 실변수함수의 해법 등 현대 수학에 크게 기여하고 있으며 열역학, 전기학, 광학 등 수리물리학을 비롯해 기상학과 음향학 연구에도 아주 중요한 이론이다.

3L 수학자: 라그랑주, 라플라스, 르장드르

프랑스혁명기에 뛰어난 업적을 남긴 수학자들 중 라그랑주, 라플라스, 르장드르는 '3L'로 불린다. 모두 이름이 L로 시작하기 때문이다. 혁명에 참여하지 않은 것으로 알려진 이들 중 오일러와 함께 18세기의 가장 위대한 수학자로 꼽히는 라그랑주는 연구에만 몰두한 수학자로서 팡테옹에 묻혔다. 이탈리아의 부유한 가문에서 태어났으나 아버지가 도박과 투기로 재산을 다 잃어버렸는데, 이를 두고 재산 관리에 매달리는 대신 수학 연구에만 관심을 둘 수 있어서 다행이라고 여겼다. 그는 소년 때부터 수학 실력이 뛰어났으며 열일곱 살에 육군사관학교의 수학 교수가 되었다. 당시 이 학교도 에콜폴리테크니크와 함께 수학 교육의 중심이었다.

1764년에는 라그랑주가 20대 젊은 나이에 지구와 태양과 달의 상호 인력에 관한 문제를 풀어서 프랑스 과학아카데미의 상을 받았다. 그는 이 상을 네 차례나 더 받으면서 당대의 가장 뛰어난 수학자로 인정받았다. 1766년에는 프리드리히 대왕Friedrich II이 '유럽에서 가장 위대한 왕'의 궁정에 '유럽에서 가장 위대한 수학자'가 있기를 바란다며 라그랑주를 초청해, 20년 동안 베를린에 머물며 왕성한 연구 활동을 했다. 특히 그가 1770년에 발표한 〈방정식의 대수적 해법에 대한 연구Réflexions sur la résolution algébrique des équations〉는 대수학의 새 장을 열어 갈루아Evariste Galois가 '군론'이라는 새로운 이론을 발상할 수 있게 했다. 루이 16세의 초청으로 프랑스

왼쪽부터 라그랑주(1736~1813), 라플라스(1749~1827), 르장드르(1752~1833).

로 돌아온 라그랑주는 루브르 궁에 머무르며 뉴턴 이후 100년의 역학에 관한 연구를 정리해 《해석 역학Mécanique Analytique》을 펴내고 '라그랑주 방정식'을 만들었다. 혁명기에는 도량형위원회와 에콜폴리테크니크에서 몽주와 함께 일하며 오로지 수학과 과학 연구로 일생을 보낸 그는 정치 활동에 무관심했고 혁명의 소용돌이에도 휩쓸리지 않았다. 혁명에 동조하지 않은 많은 학자와 귀족 들이 추방당하고 죽었어도 라그랑주만은 예외였으며 당파에 상관없이 학문적으로 존경받았다. 하지만 조용히 학문만 연구하던 그조차 뛰어난 화학자인 라부아지에가 단두대에서 처형될 때는 "그의 머리를 자르는 것은 한순간이지만 그의 머리를 복원하는 데는 한 세기도 더 걸릴 것이다." 하고 분개했다고 한다. 그는 수학자를 우대하는 나폴레옹 집권기에 백작으로 임명되며 최고 대우를 받았고, 나폴레옹에게 '수학의 피라미드에서 가장 높은 위치에 있다'는 칭송을 들었다.

라그랑주의 강의는 출판되어 널리 읽혔다. 특히 1797년에 나온《해석함수론Théorie des fonctions analytiques》은 그의 가장 위대한 책이자 실함수 해석학 최초의 교과서다. 이 책의 내용들은 현재 대학에서 수학과 전공과목인 '실변수함수론'으로 체계화해 다룬다. 오늘날 미적분학에서 쓰는 '도함수'라는 용어와 각 차수의 도함수를 나타내는 $f'(x)$, $f''(x)$ 같은 기호도 라그랑주가 만든 것이다. 그리고 오일러가 40년 동안 해결하지 못한 "모든 정수는 네 개 이하 제곱의 합으로 나타낼 수 있다."라는 정리를 증명하는 데 성공하는 등 정수론에서도 많은 업적을 남겼다.

한편 라그랑주와 같은 시대의 수학자인 라플라스는 빈농의 아들로 태어나 혼란스러운 혁명기에 정치적 처신을 잘해 투옥과 처형을 면했으며 나폴레옹 집권기에는 내무 장관이 되고 후작에도 임명되었다. 정치적 기회주의자라는 평을 들었지만, 라플라스는 천체역학·미분방정식·확률론 분야에서 뛰어난 업적을 남긴 수학자다. '라플라스의 정리', '라플라스 방정식', '라플라스 변환', '라플라스 전개' 등 수학 이론 중 그의 이름이 붙은 것들이 많다. 특히 미분방정식을 다항식의 문제로 단순화한 그의 이론은 공학에서 유용한 수학으로 활용된다. 또《확률 해석론Théorie analytique des probabilites》을 써서 지금 우리가 쓰는 확률의 의미를 정의했다. 그의 확률 이론은 수학적인 예측 방법을 마련한 것으로, 모든 과학에 없어서는 안 되는 중요한 이론이다. 여러 현상에 확률론을 적용해 인구동태를 비롯한 각종 통계와 사건의 예측에 관해 연구한 라플라스가 '확률은 수로 표현된 상식'이라고 말했듯이, 그의 확률론은 현대사회에서 일상적으로 일어나는 확률 현상에 적용되고 있다.

그래도 라플라스가 남긴 가장 큰 업적은 미적분학을 바탕으로 한 천체의 운동과 역학 법칙 연구에 있다. 그가 30년에 걸쳐 총 5권으로 된 《천체역학론Traité de mécanique céleste》을 완성했는데, 뉴턴의 중력이론을 전 태양계에 적용한 대작업을 평생 해낸 것이다. 그래서 그에게는 '프랑스의 뉴턴'이라는 별칭이 붙었다. 태양계에서 평형을 유지하기 위한 중력상호작용 문제는 너무 복잡해서 수학적으로 풀 수 없다고 여겨, 뉴턴조차 "그것은 신이 주기적으로 개입해서 조정해야 한다."라고 했다. 그런데 라플라스는 관측된 행성들이 궤도에서 벗어나는 현상을 모두 밝혀내고 우주 진화에 관한 개념을 발전시켰다. 이는 당시에 뉴턴의 연구 뒤로 가장 중요한 업적이 되었다. 그는 뉴턴이 죽은 지 정확히 100년 된 1827년에 숨졌다.

마지막 3L 수학자는 르장드르다. 유클리드의 《원본》을 재정리한 르장드르의 《기하학 원론Éléments de géométrie》은 지금까지 기하학 교과서로 인정받고 있다. 1794년에 나온 이 책은 19세기부터 유럽과 미국의 학교 대부분에서 교과서로 사용되었고 세계 각국의 언어로 번역되어 기하학 교과서의 원형이 되었다. 우리가 공부하는 수학책의 기하학 관련 내용도 이 책을 기초로 하고 있다.

르장드르는 정수론, 타원함수, 최소제곱법, 적분에 관한 업적도 남겼다. 그가 쓴 《정수론Théorie des nombres》은 정수론만을 다룬 첫 책으로, 페르마의 연구 뒤로 가장 중요한 정수론의 법칙을 증명했다. 그래서 당대 최고의 수학자인 가우스에게 '산술의 보석'이라는 칭송을 받았다. '르장드르의 기호'와 '르장드르의 방정식'도 유명한테, 응용수학의 중요한 이론인 그의 방정식은 오늘날 물리학이나 공학에서 적용되고 있다.

르장드르가 프랑스 전체 토지에 대한 삼각측량을 해 명성이 있었으나 도량형위원회에 들지 못했고 에콜폴리테크니크 교수도 되지 못했다. 그는 하급 대학의 교수나 관료로 일했다. 같은 시대에 활동한 몽주·카르노·라그랑주가 백작 지위에 오르고 푸리에와 라플라스도 귀족 작위를 받았지만, 르장드르만은 아무런 칭호도 높은 공직도 얻지 못했다. 그가 혁명기에 별다른 정치 활동을 하지 않았다는 이유도 있겠으나, 아마도 그가 라플라스처럼 처세에 강하지는 못했던 것 같다. 그렇지만 공포정치 기간에도 책을 내며 연구에만 몰두한 덕에 격동의 세월에 살아남을 수 있었는지도 모른다.

19세기 프랑스 수학은 3L 수학자의 제자들이 이끌었다. 먼저, 에콜폴리테크니크에서 라그랑주와 라플라스에게 배운 왕정 지지자 푸아송Siméon Denis Poisson은 왕정복고 시기에 3L의 지원을 받으며 수학자의 길을 순탄하게 갈 수 있었고 남작 칭호까지 받았다. 행성궤도에 관한 푸아송의 이론은 20세기 말에 인공위성의 궤적을 정확히 측정해 지구의 모양을 추론하는 데 쓰였고, 확률론의 '푸아송 분포' 법칙은 현재 방사능·교통·기상 등 많은 분야의 분포에 관한 문제를 분석하는 데 이용되고 있다.

3L의 제자들 중 가장 영향력 있던 수학자는, 라그랑주의 해석학을 발전시키고 군론을 개척한 코시Baron Augustin Louis Cauchy다. 그는 혁명이 일어난 1789년 파리에서 태어났고, 친왕정계인 그의 집안은 파리를 떠나 피신하기도 했다. 에콜폴리테크니크에서 라그랑주와 라플라스의 가르침을 받은 그가 왕정복고 후 과학아카데미에서 쫓겨난 몽주의 자리를 대신했는데, 1830년에 혁명이 다시 일어나자 열렬한 왕정 지지자였던 그는 결국 교수직을 떠나 망명했다. 코시는 굴곡 많은 삶을 살면서도 오일러 다

왼쪽부터 푸아송(1781~1840), 코시(1789~1857), 제르맹(1776~1831).

음으로 저술을 많이 남긴 수학자다. 당시 과학아카데미가 발행하던 학술지에 코시가 분량이 너무 많은 논문을 기고해서 인쇄비를 감당할 수 없게 되자 모든 발표 논문은 네 장을 넘지 못한다는 규정이 생기기도 했다. 그는 100장이 넘을 만큼 긴 논문을 실어 줄 다른 학술지를 찾아야 했다고 한다. 무한급수, 실함수와 복소수함수론, 미분방정식, 행렬식, 확률론 등 수학의 여러 분야에 기여한 그의 이론들은 수학과 전공과목으로 자주 만나게 된다. 미적분학 교과서에 나오는 극한과 연속의 개념 등 많은 부분을 코시가 세웠다.

프랑스혁명기에는 제르맹Marie-Sophie Germain이라는 여성 수학자도 활약했다. 당시 여성은 학문 활동에 참여할 기회가 없었으나 제르맹은 이에 굴복하지 않고 수학 연구에 매진해 뛰어난 업적을 남겼다. 제르맹은 어릴 때 수학사에 관한 책에서 아르키메데스Archimedes의 이야기를 읽은 뒤 수학에 관심을 갖고 혼자 공부했다. 그러나 그녀의 부모는 딸이 공부하는 것을 싫어해 전등과 난로를 치워 버렸고, 제르맹은 잉크가 얼어붙는 추위에도 이불을 뒤집어쓰고 몰래 공부했다. 또 에콜폴리테크니크가 여학생의 입학을 허가하지 않아, 제르맹은 청강을 하거나 교수들의 강의 노트를 구해서 연구했다. 수학에 대한 집념을 꺾을 수 없었던 것이다. 심지어 르블랑이라는 남자 이름으로 논문을 대학에 제출하거나 당대 최고의 수학자들에게 연구 내용을 보내기도 했다. 라그랑주에게도 해석학 연구에 대한 제안을 보냈는데, 그녀의 신분을 알게 된 라그랑주는 평생 그녀의 연구에 도움을 주었다. 또 가우스와도 가명으로 정수론 연구에 대한 편지를 주고받았다. 제르맹은 미분기하학의 중요한 연구를 했고, 마침내 1816년에 탄성 이론에 관한 논문으로 프랑스 과학아카데미의 상을 받았다. 그녀의 연구를 높이 평가한 가우스가 추천해 괴팅겐대학의 박사 학위를 받도록 했으나 불행히도 제르맹은 이 학위를 받기 전에 죽었다.

비운의 천재 수학자, 갈루아의 군론

프랑스혁명기의 수학자들 중에서 가장 짧고 비극적인 생애로 눈에 띄는 사람은 갈루아다. 1811년 파리 남쪽의 소도시 부르라렌에서 태어난 그는 소년기에 대수방정식에 관한 논문을 쓸 정도로 수학 천재였다. 어릴 때 이미 당대 저명 수학자들의 논문을 탐독했고, 보통 2년은 공부해야 하는 르장드르의 기하학책을 소설처럼 이틀 만에 독파했다는 놀라운 일화도 있다. 갈루아가 열일곱 살 때 부르라렌 시장이던 아버지가 모함으로 자살하자, 그의 좌절이 시작되었다. 아버지가 죽은 지 일주일 만에 에콜

갈루아 탄생 200주년 행사에 사용된 갈루아의 초상화. 얼굴 양옆에 권총 결투의 장면이 조그맣게 그려져 있다.

파리 근교 부르라렌 공동묘지에 있는 아버지의 묘비 위에 세워진 갈루아의 비석.

폴리테크니크에 지원했으나 낙방했다. 아마 면접에서 공화주의적인 발언을 한 것 같다. 결국 그는 에콜폴리테크니크보다 수준이 낮은 에콜노르말에 들어갔다.

갈루아의 업적은 대부분 10대에 이룬 것이다. 그런데 에콜노르말에 다닐 때 프랑스 과학아카데미의 저명한 수학자들에게 보낸 논문이 번번이 받아들여지지 않았다. 1829년에 보낸 첫 논문은 코시가 제대로 보지도 않은 채 폐기해 버렸고, 다음 해에 제출한 두 번째 논문은 푸리에가 심사 중에 죽으면서 분실되었으며, 세 번째 논문은 푸아송이 이해하기 힘들다며 심사를 거절했다. 이 논문들에 아주 중요한 성과인 5차방정식의 해법에 관한 연구가 있었는데 인정받지 못한 것이다. 좌절한 갈루아는 수학 연구보다는 왕정 반대 활동에 적극적으로 가담했다. 1830년에 7월 혁명으로 부르봉왕조의 마지막 왕을 추방했으나, 곧이어 루이 필리프Louis Philippe가 왕위에 오르자 갈루아는 더 열성적으로 공화주의 활동을 했다. 결국 학교에서 퇴학당하고 수감되었다. 1832년에는 어처구니없는 비극적 사건이 갈루아를 죽음으로 몰아넣었다. 애정 문제에 휘말려 권총 결투를 하게 되고, 스무 살을 갓 넘긴 나이에 요절하고 말았다. 그의 죽음에는 공화주의자를 제거하려고 한 정부의 음모가 개입되었다는 주장도 제기되었다. 파리 몽파르나스 공동묘지에 묻혔다지만 무덤은 찾을 수 없고, 고향에 있는 아버지 무덤에 그의 기념비만 외로이 세워져 있다. 공화주의자로 살다 반대파의 모함에 자살한 아버지와 무모한 결투로 생을 마감한 아들, 갈루아 부자의 비극이다.

갈루아의 수학적 재능은 빛을 다 내지 못한 채 사라졌지만, 그는 생애 마지막 날에 위대한 업적을 남겼다. 결투 전날 밤, 자신이 죽게 될 것을

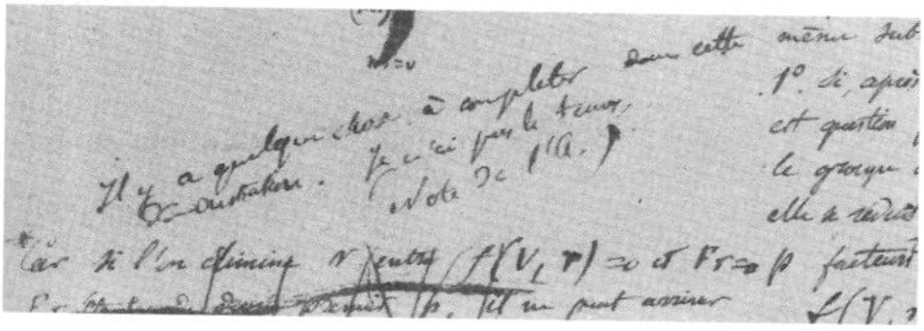

갈루아가 죽기 전에 남긴 군론에 대한 기록(왼쪽)과 그가 결투에 나가기 전에 휘갈겨 쓴 편지. "나는 시간이 없다."라고 적혀 있다.

예감하고 친구인 슈발리에Auguste Chevalier에게 유언장 같은 편지를 급히 썼다. 서른한 장이나 되는 편지 곳곳에 "아아, 이젠 시간이 없어, 날은 점점 밝아 오고 있구나. 조금만 더 조금만 더 시간이 있었으면……." 같은 문장이 애절함을 나타낸다. 그는 독일의 야코비Carl Gustav Jakob Jacobi나 가우스에게 의견을 듣고 싶다는 뜻도 편지에 담았는데, 이것은 논문을 제대로 심사하지 않은 프랑스 수학자들에 대한 불신을 드러낸다. 이렇게 밤새워 쓴 편지를 남기고 갈루아는 스스로도 '너무나 무의미한 짓'이라고 말한 결투를 하러 갔다. 그의 편지는 마지막 논문이 되었고, 앞서 불운을 겪은 논문들과 함께 유언대로 당대 최고의 수학자들에게 보내졌다.

하지만 갈루아의 이론을 당시 수학자들은 여전히 이해할 수 없었고, 70년이 지난 20세기에야 본격적으로 연구되었다. 그가 남긴 업적은 5차방정식의 해법과 적분에 관한 것으로, '군론'이라는 새 이론이 탄생하는 기초가 되었다. 5차방정식 해법은 수세기 동안 많은 수학자가 연구했지만 당시까지 성과가 없었다. 2차방정식의 해법으로는 근의 공식이 있고, 3·4차방정식에 대한 해법은 16세기에 타르탈리아Niccoló Tartaglia, 페라리Ludovico Ferrari, 카르다노 같은 이탈리아 수학자들이 밝혔다. 이들이 밝힌 3·4차방정식의 해법에 대한 증명은 누가 먼저 했는지를 두고 큰 논쟁과 공개적인 승패 다툼까지 벌어져 방정식의 역사에서 유명한 사건이 된다. 그 뒤로 300여 년간 5차방정식의 해를 구하기 위한 수학자들의 노력이 이어졌는데, 갈루아가 답을 찾은 것이다. 그는 그 전 수학자들이 오랫동안 매달린 대수적인 풀이 방법과 본질적으로 전혀 다른 접근을 통해 '5차 이상의 방정식은 대수적 방법으로 풀 수 없음'을 증명해 냈다.

$$ax^5+bx^4+cx^3+dx^2+ex+f=0 \ (a,\ b,\ c,\ d,\ e,\ f\text{는 상수})$$

그런데 노르웨이의 젊은 수학자 아벨Niels Henrik Abel도 갈루아와 같은 연구를 했고 5차방정식의 대수적인 해를 구할 수 없음을, 즉 일반적인 근의 공식이 없다는 것을 증명했다. 같은 시기에 다른 지역의 두 젊은이가 같은 결론을 증명한 것이다. 게다가 아벨도 20대에 요절한 비운의 수학자다. 물론 두 사람은 상대편의 연구에 대해 알지 못했다. 갈루아의 해법은 아벨의 결론보다 더 발전된 성과로, 5차방정식뿐만 아니라 모든 고차방정식에 적용할 수 있었다. 그리고 해법을 찾다가 1830년에 '군group'이라는 말을 처음 쓰고 군론을 정립했다. 스무 살도 되기 전에 이룬 업적이다.

군론이란 연산이 정의된 추상적 대상의 집합에서 수학적 구조를 연구하는 것이다. 어떤 집합을 연산에 관한 조건들이 성립하는 군으로 정의

하는데, 정수·유리수·실수의 집합은 당연히 군으로 볼 수 있으며 주어진 연산 조건에 따라 얼마든지 군을 만들 수 있다. 그리고 방정식의 해가 없는 집합도 근이 존재하도록 확장된 군을 만들어 주면 해가 존재할 수 있게 된다. 이것이 갈루아 이론의 핵심이다. 일반적인 근의 공식이 없는 5차방정식에도 이와 같은 방법을 적용해서 해법을 찾은 것이다. 갈루아의 군론은 수학적으로 완벽하고 아름다운 이론으로 평가받으며 현대 추상대수학의 기초가 되었다. 군 개념은 대수학의 연산에 관한 것에 그치지 않고 수가 아닌 경우에도 특별한 연산을 이용해서 만들 수 있다. 기하학에서는 어떤 도형을 평행, 대칭, 회전 이동한 조건을 만족하는 군을 만들어서 적용할 수도 있다. 즉 군론이 기하학과 대수학을 결합시킨다. 갈루아의 이론은 1870년에 프랑스 수학자 조르당Camille Jordan이 이해하기 시작한 이래 기하학에도 응용되었다. 위상수학 분야에서 '조르당 곡선 정리'를 만든 그는 갈루아의 치환군과 방정식 이론에 대한 연구로 프랑스 과학아카데미에서 주는 퐁슬레상을 받았다.

20세기 수학자들에게 갈루아의 이론은 눈부실 만큼 매혹적인 이론이었고, 푸앵카레Jules Henri Poincaré를 비롯한 수학자들이 이를 추상대수학의 독립된 영역으로 발전시켜 대수학의 큰 흐름이 되었다. 또 오늘날 거의 모든 분야의 분류 체계에 대한 연구로 넓혀져서 아주 중요한 이론이다. 현재 군론은 양자역학 같은 물리학이나 유전공학, 컴퓨터공학에도 응용되고 있다.

3

수학은 국력이다 : 나폴레옹의 수학

"이보다 더 완벽한 교회는 없다."

센 강에서 배를 타고 파리의 한가운데를 유유히 지나갔다. 강물은 프랑스 북부를 흘러 노르망디 지방을 통과하고 대서양에 유입된다. 강의 좌우로 그림 같은 풍경이 펼쳐졌다. 좌안의 하늘에 에펠탑과 앵발리드의 황금 돔이 솟아 있고, 우안에는 샤요 언덕과 궁전들이 펼쳐진다. 그 사이로 아름다운 다리들이 놓여 있는데, 갈루아가 체포된 장소로 알려진 퐁네프도 있다. 배가 다리를 하나씩 통과하면서 파리의 오래된 궁전과 웅장한 건축물, 광장 등을 파노라마처럼 보여 주었다. 놓치기 아까운 장면들이 강물처럼 흘러가 버리는 것만 같았다. 나는 잠시 사진기를 놓고 이 순간들을 눈에 넣었다. 배는 시테 섬을 끼고서 반환점을 돌았다. 센 강에 떠 있는 시테 섬은 파리의 중심에 자리한 파리의 발상지다. '시테'라는 말에는 도시라는 뜻이 있다. 2000여 년 전 갈리아 선원들이 이 섬에 제단

센 강변에 서 있는 옛 감옥 콩시에르주리. 네 탑이 솟은 건물의 전경이 웅장하고 아름답다.

을 세우면서 도시가 시작되었다. 구석기시대의 크로마뇽인과 라스코 동굴의 벽화가 떠오르는 프랑스에서 본격적으로 역사가 시작된 것은 갈리아인들이 라인 강 유역에서 남하하면서부터다. 그 뒤 게르만족의 대이동과 로마의 정복을 겪고 5세기 말에 비로소 프랑크왕국이 건설되었다.

시테 섬에는 노트르담대성당을 비롯해 콩시에르주리, 생트 샤펠 등 오래된 건축물들이 자리한다. 14세기의 중후한 모습을 아직도 지닌 옛 감옥 콩시에르주리는 혁명기에 수천 명이 단두대 처형을 앞두고 수감되던 공포의 상징으로, 이곳에서 앙투아네트가 있던 독방도 공개하고 있다. 노트르담대성당은 섬의 오른쪽에 있다. 대성당이 있는 광장은 사람들로 붐볐고 종탑에 오르려는 사람들이 긴 줄을 서서 기다리고 있었다. 프랑스 고딕 건축 중 최고로 꼽히는 노트르담대성당은 감탄이 나올 만큼 웅장하고 장엄한 모습이다. 두 직사각형 탑 위로 뾰족이 솟은 첨탑과 그 한

센 강에서 바라본 노트르담대성당의 남쪽 정면. 장미창과 첨탑이 가장 아름답게 보인다.

가운데로 난 둥근 장미창이 강렬한 아름다움을 보여 주었다. 노트르담대성당을 아르슈베슈 다리 건너편 좌안에서 보면 더 아름답다. 둥근 장미창과 첨탑이 마치 활짝 핀 장미와 그것을 보호하려고 하는 가시 같아 보였다. 오랜 세월이 흘러도 여전히 아름다운 귀부인! 노트르담은 '우리 귀부인'이라는 뜻으로 성모마리아를 가리키고, 대성당의 이름인 '노트르담 드 파리'는 '파리의 성모'라는 말이다.

노트르담대성당은 원래 있던 교회를 1160년대부터 고딕 양식 대성당으로 새로 지어 14세기 중엽에 완성한, 가장 오래된 고딕 성당으로 꼽힌다. 공사가 긴 세월 동안 진행되면서 벽에 커다란 균열이 생기자 바깥벽 주변에 버팀벽을 만들었는데, 그 결과 대성당의 외관은 더 아름다워졌고 내부는 더 높이 지을 수 있었다. 이렇게 외부에 두는 버팀대, 플라잉 버트레스는 노트르담에 처음 도입된 뒤로 고딕 양식의 전형이 된 높은 천장과 육중한 석조 건축을 짓는 데 많이 이용되었다. 대성당의 전체 길이는 130미터, 폭은 48미터고 탑 높이는 69미터로 내부 천장 높이인 35미터의 두 배 정도다. 건물 정면에 12세기의 뛰어난 조각 작품들로 장식된 출입문이 세 개 있고, 그 위로 스물여덟 가지 조상이 서 있다. 좌우 양쪽에 탑이 하나씩 솟았으며 중심에는 지름이 10미터인 장미창이 보인다. 남쪽 탑에 무게 13톤의 큰 종이 있고, 북쪽 탑에 난 계단은 꼭대기까지 통한다. 오랜 세월로 대성당에 흠집과 균열이 생긴 데다 혁명 때 크게 파손되었으나, 대대적인 보수공사가 진행되어 첨탑이 복원되고 하얀 벽이 되살아나 눈부신 귀부인의 모습이 돌아왔다.

이 성당은 완벽한 건축물로 평가받는데, 특히 서쪽 정면이 절묘한 균형과 조화를 이루었다. 두 탑의 직사각형 선을 따라 전체가 3단으로 구성되고, 버팀벽의 수직선과 수평선이 장미창을 중심으로 완벽한 비례를 보여 주는 것이다. 서쪽 정면의 폭과 높이, 즉 가로와 세로 길이가 '1:1.618'로 황금비를 이루며 두 탑 사이의 거리와 건물의 수평적 구조 등에서 황금비가 다양하게 쓰였다. 그래서 노트르담대성당보다 '더 높고 더 크고 더 웅장한 교회는 있을 수 있어도 더 완벽한 교회는 있을 수 없다'고 하는 것이다.

대성당 정면의 세 문에 조각된 작품을 구경한 뒤 안으로 들어갔다. 밝고 높은 내부는 장엄하면서도 화려했다. 장미창의 화려한 그림들이 쏟아져 들어오는 빛과 어울려 황홀하게 아름다웠다. 특히 북쪽의 창은 지름이 13미터나 된다. 안쪽에 '노트르담 드 파리'로 불리는 성모상과 '피에타' 조각상이 있다. 입장료를 내고 탑에 올랐다. 386계단을 힘겹게 올라 종탑 꼭대기에 서니 뾰족한 탑이 손에 잡힐 듯 바로 앞에 있었다. 시

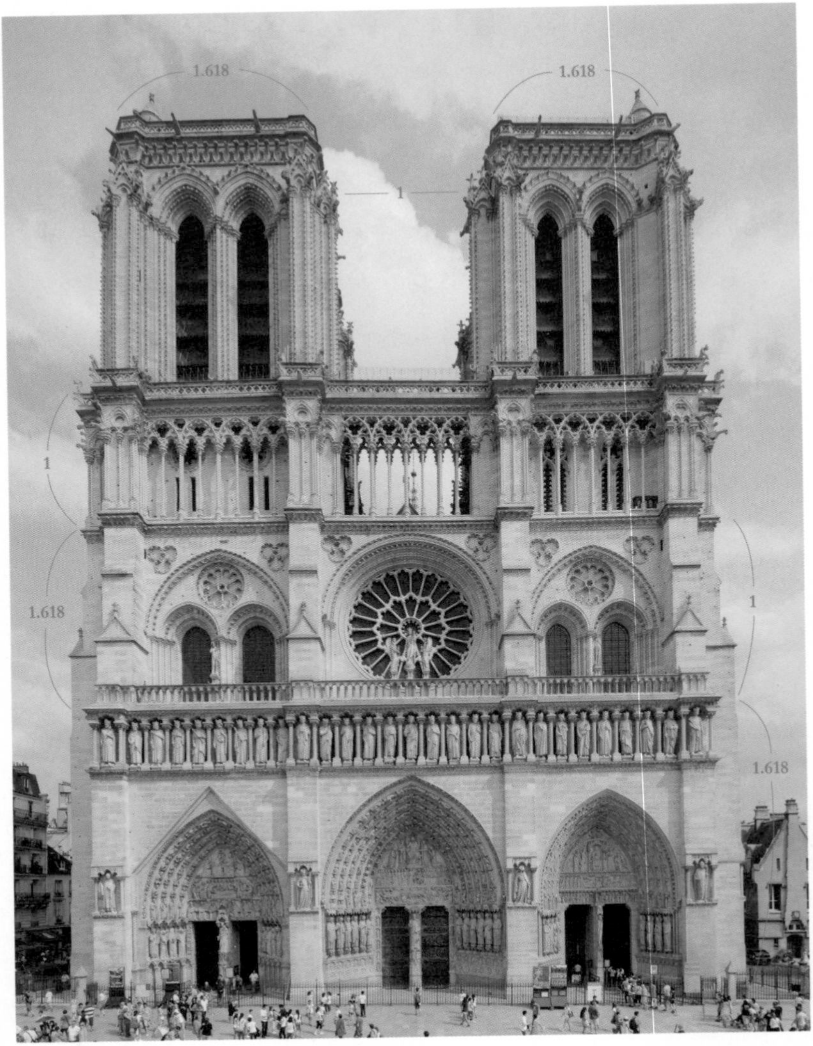

노트르담 대성당의 서쪽 정면은 완벽한 황금비의 모습을 보여 준다. 높이와 폭에서 가로 세로의 비율이 1:1.618의 황금비를 이루고 두 탑 사이의 거리와 건물의 수평적 구조 등에서도 황금비가 사용되었다.

다비드가 1807년에 완성한 〈나폴레옹 1세의 황제 대관식〉. 루브르에 전시되어 있는 이 그림은 가로 길이가 거의 10미터나 되는 대작으로 실제 사람 크기와 같게 그린 인물 100여 명이 등장한다.

테 섬이 모두 내려다보이고 오래된 파리 시가지가 한눈에 들어왔다. 에펠탑이 서쪽 하늘에 높이 솟아 있고, 앵발리드의 황금 돔도 번쩍였다. 이곳 노트르담대성당에서 나폴레옹은 황제 대관식을 거행했고 죽은 뒤에는 앵발리드에 묻혔다.

앵발리드에 잠든 나폴레옹과 수학

앵발리드는 화려한 알렉상드르 3세 다리 건너에 있다. 앵발리드의 황금 돔 아래에 나폴레옹이 잠들어 있다. 프랑스 고전 양식과 바로크 양식이 조화를 이룬 앵발리드는 107미터 높이의 돔과 천장화로 유명하다. 원래 루이 14세가 전쟁 부상병을 위해 지었고, 지금은 군사박물관이다. 방패, 갑옷, 투구 등 무기와 군사 관련 작품을 전시하고 있으며 나폴레옹의 유품도 보여 준다. 그의 관은 지하에 있었다. 제단 뒤쪽 입구에는 "내가 그토록 사랑한 프랑스 국민들에 둘러싸여 센 강에서 쉴 수 있기를 바란다."라는 나폴레옹의 유언이 새겨졌다. 녹색 화강암 받침대 위에 붉은색의 거대한 대리석 관이 있고, 그 안에 나폴레옹이 잠들어 있다. 그가 쓰던 검과 군복과 데스마스크가 있고 숨을 거둔 세인트헬레나 섬의 침실도 재현되어, 그의 영광과 몰락을 알게 해 준다.

1769년 코르시카 섬에서 태어난 나폴레옹은 파리 육군사관학교에 다녔다. 당시 파리의 두 학교, 에콜폴리테크니크와 육군사관학교가 수학 교육과 연구의 중심이었으며 프랑스의 뛰어난 수학자들은 대부분 여기 출신이었다. 혁명 후 설립한 에콜폴리테크니크 못지않게 육군사관학교도 라플라스, 르장드르, 푸리에, 퐁슬레같이 훌륭한 수학자들을 배출했다. 나폴레옹도 1784년에 이 학교에 입학했다. 사관학교에서 나폴레옹의 전반적인 성적은 좋지 않았으나 수학 성적만은 뛰어났다. 그는 대수학과 기하학에 능통했고, 수학 실력 덕에 열여섯 살에 포병 장교가 될 수 있었다. 당시 전쟁은 대포가 핵심이었고, 포병 장교는 수학에 뛰어나야 했다. 중력과 항력의 영향을 받는 포탄의 진로를 알기 위해 탄도학에 능통해야 했던 것이다. 포물선을 그리는 탄도는 각도가 45도일 때 가장 멀리 날아간다는 사실을 타르탈리아와 갈릴레오가 밝혔다. 17세기 이후 탄도학은 기하학과 역학의 발전으로 이론이 정립되었고, 전쟁 때문에 실용 가치가 높아졌다.

나폴레옹은 뛰어난 능력을 발휘해 스물네 살 때 장군이 되고 유럽 열강과 맞서 전쟁을 벌였다. 인류 역사상 마지막 원정자로 불리는 그는 "내 사전에 불가능이란 낱말은 없다!" 하고 외치며 수많은 전투에서 승

군사박물관 앵발리드의 황금 돔 아래에 나폴레옹이 잠들어 있다.

리했고, 황제까지 되었다. 그러나 워털루전투에서 패하며 몰락해 세인트 헬레나 섬에서 생을 마감했다. 그의 유해는 사후 20년 가까이 지난 1840년에 파리로 돌아와서 개선문을 지나 센 강변에서 웅장한 장례식을 치른 뒤 앵발리드에 안장되었다. 그의 유언이 실현된 것이다. 그리고 프랑스 사람들에게 나폴레옹의 신화가 퍼져 나가면서 그의 업적도 재평가되었다. 그는 만민 평등 원칙에 기초한 민법전을 만들었으며 중앙집권적인 행정제도와 국민교육제도, 혁신적인 군사 제도 등 오늘날 프랑스 사회의 기초가 되는 제도들을 만들고 세계 각국에 영향을 주었다. 그의 개혁이 평민과 부르주아들에게는 큰 지지를 받았으나 특권층이던 귀족과 성직자에게는 타도의 대상이었다. 그의 영향으로 공화주의가 뿌리를 내렸기 때문에 왕정이 복고되어도 과거와 같은 체제로는 돌아갈 수 없었고, 귀족들도 과거의 특권을 완전히 되찾지는 못했다.

수학을 좋아한 나폴레옹은 평소에 수학 문제 풀기를 즐겼으며 전투에도 수학을 활용했다. 강 건너 적군에게 대포를 쏠 때는 포물선 이론과 탄도학을 적용하고, 강의 너비를 구하는 데는 피타고라스의 정리나 삼각법 같은 수학 이론을 이용했을 것이다. 수학에 대한 그의 열정은 세인트 헬레나 섬으로 유배 가는 길에도 수학 문제를 풀 정도였다고 한다. 그는 특히 기하학에 심취했고, 실제로 그가 처음 만들었는지는 확실히 알 수가 없으나 다음과 같이 '나폴레옹의 정리'라는 것이 있다. "삼각형 ABC에서 각 변을 한 변으로 하는 정삼각형을 만들고 각 정삼각형의 중심을 각각 P·Q·R이라 하면, 삼각형 PQR은 정삼각형이 된다."

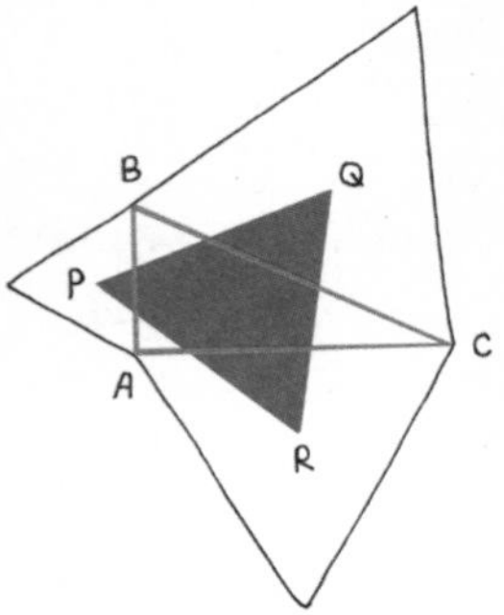

수학의 발전은 나라의 번영이다

나폴레옹이 집권할 때 많은 수학자가 배출되었다. 국력이 왕성할 때 학문도 발전한다는 증거다. 나폴레옹은 수학자들에게 최고의 대우를 하고 수학 명문인 에콜폴리테크니크를 적극 지원했다. 이집트 원정에 참여한 몽주와 푸리에, 사관학교 때 스승 라플라스, 나폴레옹의 충실한 군인이던 퐁슬레 등 수학자들과 각별한 관계를 맺고 그들을 요직에 임명했다. 나폴레옹은 수학의 중요성을 강조하며 이렇게 말했다. "수학의 발전과 우수성은 그 나라의 번영과 밀접한 관계가 있다. 수학은 국력이다." 나폴레옹이 수학 교육을 전폭적으로 지원하면서 수학은 프랑스 교육과정에서 일찍이 필수과목으로 채택될 수 있었고 모든 입시에 포함되었다. 당시 유럽의 학교 교육은 문학과 어학이 중심에 있었고, 수학은 필수과목이 아니었는데 말이다.

나폴레옹 집권 시기에 탄도학뿐 아니라 측지학, 건축학, 지도 제작법 등 군사과학이 발전하면서 기하학도 발전했다. 몽주의 화법기하학과 미분기하학, 퐁슬레의 사영기하학이 모두 이때 발전했다. 그 전의 소규모 전쟁과 달리 징병제로 모은 수십만 대군을 동원하는 대규모 전쟁이 진행됨에 따라 정밀한 지도 제작이 절실했고 측지학이 급격히 발전했다. 나폴레옹은 '지형도가 군대의 눈'이라며 정밀 지도의 작성을 추진했다. 지도를 정밀하게 만들려면 곡면인 지구 표면의 성질을 밝혀야 했다. 그래서 곡면 공간을 연구하는 곡면기하학이 19세기부터 중요한 연구로 등장했고, 이것이 미분기하학의 출발이 되었다. 미분기하학은 해석기하학과 미분학을 하나로 묶어서 곡선과 곡면의 성질을 연구하는데, 화법기하학을 창시한 몽주가 미분기하학 영역에서도 선구적인 구실을 했다. 군사적인 면에서 지형과 포탄의 연구에 적용되던 미분기하학이 지금은 미사일과 로켓 발사에 활용된다. 미분기하학은 기존 기하학과는 전혀 다른 기하학의 출현을 예고했다. 평면이 아닌 곡면 공간의 연구는 그 전 2000년간 지배하던 유클리드 기하학으로는 할 수 없는 것이다.

프랑스의 혁명과 전쟁은 사회의 모든 분야에서 봉건적인 것, 낡은 과거와 단절하고 많은 변화를 일으켰다. 이런 상황이 수학의 발전에 이로웠다. 프랑스는 19세기에 접어들면서 뛰어난 수학자가 많아지고 수학의 빛나는 업적도 쌓였다. 그러나 전쟁의 소용돌이 속에서도 활발하던 프랑스 수학자들의 활동이 1830년대에 이르러 쇠퇴했다. 몽주와 라그랑주 뒤로 프랑스 수학을 이끌던 라플라스와 푸리에와 르장드르가 차례로 세상을 떠났으며 푸아송마저 생을 일찍 마쳤다. 7월 혁명이 일어나자 코시가 프랑스를 떠나 버렸고, 천재 수학자 갈루아의 어처구니없는 죽음은 큰 손실이었다. 17세기부터 지도적 구실을 하던 파리 수학계가 정치적 상황의 급변과 함께 위축되는 듯했다. 이에 비해 영국과 독일 수학자들의 활동은 활발했다. 결국 19세기 수학은 프랑스에서부터 영국과 독일, 북유럽에까지 거대한 발전과 변화의 흐름을 만들어 냈다. 천문학과 역학, 물리학 등 과학과 결합되었던 수학 연구가 전보다 독립적이고 순수한 방향으로 가고 있었다.

앵발리드를 나오니 나폴레옹의 모교인 웅장한 육군사관학교 건물이 보였다. 이 학교에서 에펠탑에 이르는 드넓은 샹드마르스 공원은 군의 연병장으로 쓰였고, 나폴레옹이 유럽 정벌을 위해 성대한 출정식을 치르는 장소였다. 앵발리드 대로 옆에는 로댕미술관이 있다. 파리의 미술관은 귀족의 저택을 이용하는 경우가 많은데, 이 미술관도 그렇다. 로댕Auguste Rodin이 살던 아름다운 저택과 정원이 그대로 로댕의 작품 전시장이 되었다. 앞뜰에는 로댕의 명작 〈생각하는 사람Le Penseur〉이 있는데, 몇몇 관람객이 작품과 같은 자세로 사진을 찍고 있었다. 이 작품은 로댕이 한때 심취한 단테Alighieri Dante의 좌상이라고 한다.

로댕의 작품들은 아주 사실적으로 표현되었기 때문에 살아 있는 사람의 몸으로 틀을 떠서 만들었다는 말까지 나왔다. 나도 〈칼레의 시민Les Bourgeois de Calais〉을 보고는 정말 그럴 수도 있겠다는 생각이 들었다. 이 작품에 섬세하게 묘사된 여섯 인물은 삭발을 하고 목에 밧줄을 건 채 자루옷을 입은 모습이다. 도버해협과 닿아 있는 칼레 시는 14세기 프랑스와 영국 간의 백년전쟁 때 영국의 침공을 1년 동안 버티다 결국 식량이 떨어져 항복했는데, 칼레 때문에 낭패를 본 영국 왕이 칼레 사람들을 몰살하려다 그것을 막으려는 사람들의 간청에 칼레를 위해 죽을 사람 여섯 명을 뽑

칼레 시청 광장에 세워진 로댕의 작품 〈칼레의 시민〉. 이 작품이 제작되었을 당시에는 인물들이 너무나 처참하게 묘사되었다는 이유로 칼레 시민들에게 거부되기도 했다.

아 오라고 했다. 이때 칼레의 고급 관료와 상류층 여섯 명이 스스로 목에 밧줄을 걸고 나섰고, 그 덕에 칼레 사람들이 살아남을 수 있었다. 프랑스의 정신이 된 노블레스 오블리주, 즉 사회적 신분이 높은 사람들의 도덕적 의무를 보여 주는 이야기다. 조각상 앞에 있는 벤치에 앉아 칼레의 이야기를 떠올려 보았다. 안타깝게도 칼레의 수난은 그 뒤로도 이어져, 2차세계대전 때는 독일군이 영국을 폭격하기 위해 발사 기지로 이용했다. 칼레에서 바다 건너 34킬로미터 거리에 영국이 있다. 지금은 바다 밑으로 터널이 뚫려 기차가 양국 사이를 다닌다. 나도 도버해협을 건너 런던으로 향한다.

(x, y)
r

세인트폴 대성당에서 속삭이다 3

영국 수학 1

1

세인트폴대성당과 통계학의 발전

템스 강가의 스퀘어마일 런던

런던 시내로 들어선 버스가 템스 강변을 달렸다. 멀리 강물 위로 런던아이가 원을 그리며 돌고 있었다. 빨간 2층 버스와 전화박스가 눈에 들어오니 런던에 온 것이 더 실감 났다. 갈수록 넓어지는 템스 강에는 유람선이 떠 있고 수상 버스도 다닌다. 런던은 템스 강 하구에서 65킬로미터 정도 들어간 곳에 자리한 도시다. 템스 강은 동쪽으로 구불구불 흐르며 런던을 관통하고 북해로 들어간다. 만조 때는 강의 수위가 높아지는 것이 보일 만큼 북해의 영향을 직접 받기 때문에, 템스 강에는 일찍이 거대한 방벽과 수문이 건설되었다.

강가에 '클레오파트라의 바늘'로 불리는 기원전 1500년경의 이집트 오벨리스크도 보인다. 높이가 21미터인 이 오벨리스크는 원래 한 쌍인데, 다른 하나는 뉴욕의 센트럴파크에 있다. 워털루 다리와 런던 최초의 다

템스 강을 가로질러 고딕 양식의 두 탑을 세운 타워브리지와 런던탑은 런던을 상징한다.

리인 런던교를 지나니 타워브리지가 템스 강을 가로질러 있었다. 1894년에 완공된 이래 런던을 상징하는 다리다. 다리의 길이는 244미터, 양쪽에 솟아 있는 고딕 양식의 탑은 높이가 65미터나 되며 조명 때문에 밤엔 더 아름답다. 가끔 다리가 위로 올라가 열리며 배를 통과시키는 멋진 모습을 볼 수도 있다.

영국의 수도 런던은 브리튼 섬의 잉글랜드 남동부에 위치한다. 국호 United Kingdom of Great Britain and Northern Ireland에 나타나는 것처럼 영국은 잉글랜드, 스코틀랜드, 웨일스로 구성된 브리튼과 북아일랜드가 연합한 나라다. 켈트족이 오래전부터 성채를 짓고 살았고, 2000년 전에는 로마의 카

템스 강 북쪽 기슭에 서 있는 하얀 첨탑의 성채인 런던탑은 11세기에 윌리엄 1세가 처음 지었고 17세기까지 국왕이 살았다. 이곳에 다이아몬드로 장식한 왕관과 왕홀이 보관되어 있다.

이사르Julius Caesar가 침략해 템스 강 북쪽 기슭에 '론디니움'이라는 도시를 건설했다. 그렇게 출발한 런던은 오랫동안 로마의 지배를 받았으며 11세기에 노르망디 정복왕 윌리엄 1세William I가 잉글랜드를 정복하고 수도로 정하면서 지금까지 천년 왕국을 이어 왔다. 1066년에 윌리엄 1세가 지은 성채가 템스 강 북쪽 기슭에 있다.

타워브리지 앞에 있는 런던탑은 네 첨탑으로 된 화이트타워를 중심으로 수백 년 동안 확장되어 대규모 성채가 되었다. 17세기까지 왕이 사는 성이었는데 나중에는 국사범 감옥과 처형장으로 악명을 떨쳤다. 템스 강의 수문을 통해 죄수들이 호송되던 영화 속 장면이 떠오른다. 이곳에 다이아몬드 수천 개로 장식된 왕관과 세계 최대의 다이아몬드 별이 박힌 왕홀이 보관되어 있는데, 대관식 때는 웨스트민스터사원으로 운반된다. 런던탑 옆에 일찍이 조성된 런던 항은 16세기 엘리자베스 1세Elizabeth I 시대부터 전 세계의 물자가 모여들어 무역의 중심지로 번영을 누렸고, 이때부터 명실공히 대영제국의 면모가 갖춰졌다.

이렇게 런던탑과 런던 항에서 발전한 런던 시는 타원형을 이루는 그레이터런던의 중앙에 좁게 자리한 구시가지다. 넓이가 3제곱킬로미터, 즉 1제곱마일 정도밖에 안 돼 '스퀘어마일 런던'이라고 불린다. 하지만 반지름이 1킬로미터 미만인 시티 지역이 오래전부터 영국 경제뿐 아니라 세계 금융의 중심지다. 세계에서 가장 오래된 중앙은행, 세계 최초의 증권사와 보험사가 이곳에 있으며 12세기부터 런던 시장을 선출하던 상인 조합의 본부인 길드홀도 자리한다. 이 지역에서는 건물 사이로 고대 로마와 중세, 근대의 유적도 만날 수 있다.

2000년에는 새 천 년을 기념해 런던교의 상류 쪽으로 현대적인 멋이 있는 보행자 전용 다리가 세워졌다. 이 밀레니엄 브리지와 함께 런던아이라는 대관람차도 세워져 런던의 명물로 인기를 얻고 있는데, 거대한 수레바퀴 같은 이 런던아이는 높이와 지름이 각각 135미터와 122미터로 완벽한 원을 그리며 돈다. 가로 8미터, 세로 4미터인 캡슐을 타고 30분 동안 한 바퀴 돌며 런던 시내를 전망할 수 있다. 모두 서른두 개인 캡슐 각각의 위치를 가로 x와 세로 y의 좌표로 나타내면 관람차가 완벽한 원의 방정식 $x^2+y^2=r^2$(r은 반지름), 즉 $x^2+y^2=61^2$을 이루는 것이다.

세인트폴의 타원형 돔, 수학을 속삭이다

밀레니엄 브리지는 세인트폴대성당으로 이어진다. 다리 건너편에는 역시 2000년에 설립한 테이트모던미술관이 있어, 다리를 사이에 두고 대성당의 고전적인 아름다움과 미술관의 현대적인 아름다움이 조화를 이룬다. 세인트폴대성당의 돔보다 높은 건물을 짓지 못하게 법으로 정해 지금까지 센트럴런던의 스카이라인이 되어 온 이 성당은, 2차세계대전 때 독일의 공습에도 살아남아서 런던 시민에게는 불굴의 의지를 상징한다.

세인트폴대성당은 영국국교회 대성당으로 604년에 처음 지었고, 지금의 건물은 1666년 런던 대화재 후에 지은 것이다. 수학자이자 건축가인 렌Christopher Wren이 설계해 1711년에 완성한 건물은 십자형 평면구조를

렌이 설계한 세인트폴대성당은 수학적으로 치밀한 구성을 보여 준다. 현대적인 밀레니엄 브리지와 고전적인 세인트폴대성당의 조화가 아름답다.

바탕으로 바로크와 고딕 양식이 결합되었다. 거대한 돔은 바티칸에 있는 성베드로대성당의 뒤를 이어 세계에서 두 번째로 크다. 이곳에서 왕실의 결혼식이나 국장 등 국가적인 행사를 치른다. 성당 내부는 바로크 양식의 많은 조각과 그림으로 장식되었는데, 특히 돔에 그린 프레스코화가 화려하다.

세인트폴대성당 건물은 전체 길이가 158미터, 폭은 76미터, 돔 위 십자가에 이르는 높이는 111.3미터다. 돔은 높이가 85미터, 지름이 34미터고 내부의 너비가 69미터로 돔 지름의 두 배가 되도록 설계되었다. 그리고 서쪽 정면은 두 탑의 높이가 64.8미터고 너비가 55미터로 전체 높

황금비를 보여 주는 세인트폴대성당의 서쪽 정면(왼쪽)과 화려한 그림으로 장식된 돔 천장.

이의 약 2분의 1, 돔 지름에 대한 비율이 1.618(55m÷34m)인 황금비가 된다. 세인트폴대성당의 건축은 이렇게 수학적으로 치밀한 구성과 계산에 기초했으며 팔각형과 원, 직사각형과 정사각형 같은 도형이 이용되었다.

돔 꼭대기로 오르다 보면 30미터, 53미터, 85미터 높이에 각각 갤러리로 불리는 회랑이 있다. 그중 30미터 높이에 있는 '휘스퍼링 갤러리 Whispering Gallery', 즉 '속삭이는 회랑'은 원형 복도 한쪽에서 내는 작은 소리가 가까운 곳에서는 잘 들리지 않지만 회랑 건너편의 어느 지점에서는 또렷이 들리는 현상이 일어난다. 이 신기한 현상의 원인은 돔을 이루는 천장이 타원형이라는 점이다. 타원은 두 초점으로부터 거리의 합이 일정한 점의 자취다. 중심이 하나인 원과 달리 타원은 '초점'이 둘이라서, 한 초점에서 소리를 내면 이 소리가 타원형 천장에 도달하면서 반사되어 건너편 초점에 모인다. 즉 가까운 곳보다는 서로 멀리 떨어진 두 초점에서 소리가 더 잘 들리는 것이다. 돔의 타원형 구조는 대성당을 설계한 렌이 돔의 무게 문제를 해결하기 위해 돔을 이중으로 건축한 데서 비롯되었다. 그는 돔이 무거워서 붕괴되는 것을 막기 위해 내부에 타원형으로 작은 돔을 더 만들었다. 즉 85미터 높이의 돔 안에 68미터 높이의 타원형 돔을 만든 것이다. 이렇게 내부적으로 돔 높이가 낮아지면서 돔의 무게가 가벼워졌으며 두 돔 사이에 목조 지붕을 얹어 돔은 삼중으로 완성되었다.

세인트폴대성당
돔의 구조

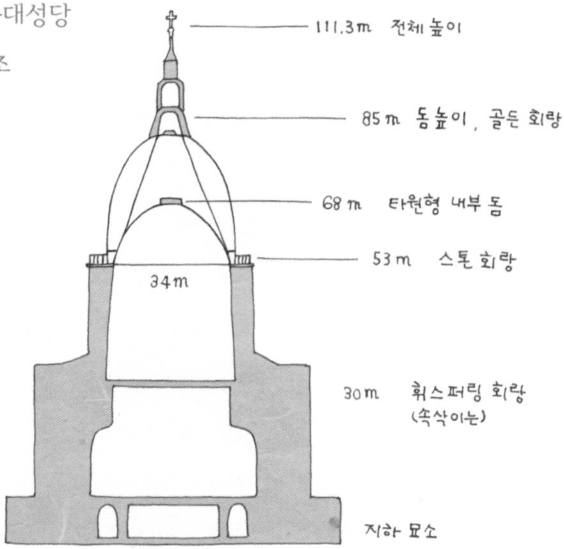

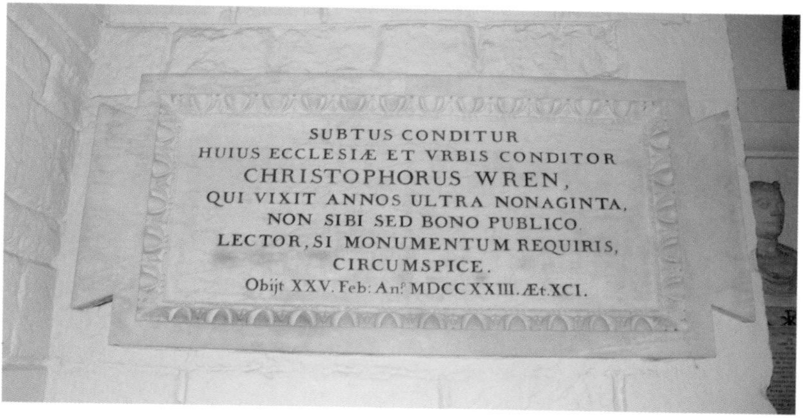

세인트폴대성당을 건축한 렌의 묘비.

이곳에는 넬슨Horatio Nelson을 비롯해 영국의 위인들이 잠들어 있는데, 재건된 후 가장 먼저 안치된 인물은 바로 렌이다. 그의 묘비에는 세인트폴대성당이 바로 그의 기념비라는 듯 이렇게 새겨져 있다. “여기에 크리스토퍼 렌이 누워 있다. 그의 기념비를 찾으려 한다면 당신의 주위를 둘러보라.”

런던 대화재로 발전한 통계학

세인트폴대성당에서 런던탑으로 가는 길에 대화재 기념비가 보인다. 간결하고 우아한 도리스식 기둥인 이 기념비도 렌이 완성했다. 런던 대화재 때 타 버린 교회가 있던 자리에 세운 이 탑의 높이는 약 61미터로, 처음 불이 난 지점에서 떨어진 거리와 같다. 런던 대화재는 런던교 부근 빵집에서 우연히 난 불이 바람에 커지면서 온 도시를 화염에 빠트렸다. 이

런던 대화재 기념비.

화재는 세계 역사상 가장 큰 화재로 기록되며 나흘이나 이어졌고, 결국 화약으로 남은 집들을 폭파해 없앤 뒤에야 진압할 수 있었다. 이때 런던 시가 철저히 파괴되어 공공건물이 다 불타고 유서 깊은 세인트폴대성당을 비롯한 80여 개의 교회와 가옥 수만 채가 사라졌다. 사람과 재물을 실은 배들이 템스 강을 가득 메웠다고 한다. 당시 런던 시는 초과밀 인구에 낡은 목조건물과 가옥이 빽빽이 들어서 있었는데 대화재 이후 석조 건물로 바뀌었다. 세계 최초로 소방차와 소방 조직도 만들어졌다. 기념비의 전망대에 오르면 런던 시내가 모두 내려다보이는데, 지금의 런던 시가지는 대화재 후 렌의 주도로 재건된 모습에 기초한다.

대화재로 시민들 대부분은 하루아침에 생계와 삶의 터전을 잃어버렸

대화재 기념비 주변 금융 지구에 신축된 첨단 건축물들은 런던의 새로운 랜드마크가 되고 있다. 왼쪽은 외부로 강철 구조물이 노출된 로이즈 빌딩, 오른쪽은 2004년에 완공된 180미터 높이의 보험사 건물로 30 세인트 메리 액스다. 총알처럼 생긴 오른쪽 건물은 '거킨(오이지)'이라는 애칭이 있다.

다. 큰 사업체나 상점의 주인도 마찬가지였다. 당시에는 보험이 없었고 하소연할 데도 없었다. 그래서 대화재 후에 화재보험 제도가 고안되었다. 초기의 화재보험은 런던의 상인들 사이에서 만들어졌는데, 중세의 길드와 같은 상호부조 형식으로 보험금을 공평하게 냈다. 17세기 후반부터 런던에서 많은 화재보험 조직이 생겼고 생명보험과 해상보험도 생겼다. 대서양을 횡단하는 무역상들도 배를 타고 떠나기 전에 보험을 들 정도로 보험회사들이 많아졌다. 대화재 기념비의 주변 지역에는 보험사와 증권회사와 은행 들이 들어선 금융 지구가 형성되었고, 회사들은 세계적인 기업으로 성장했다.

보험제도가 발전하면서 보험료를 책정하는 문제가 연구되기 시작했다. 화재보험의 경우, 보험료의 기준을 마련하려면 먼저 화재 가능성과 손실 정도를 예상해야 했다. 따라서 해마다 화재가 발생하는 횟수와 지역, 재산의 손실 등에 대한 객관적인 자료와 조사가 필요했다. 자료를 체계적으로 조사하고 수량화해서 나타낸 것이 바로 통계다. 런던 대화재가 화재보험을 탄생시켰을 뿐 아니라 수학의 통계학 분야도 발전시킨 것이다.

그런데 런던에서는 그 전부터 통계가 활용되고 있었다. 전 세계의 물자와 사람들이 몰려 인구 밀집이 심했던 런던에서 페스트, 콜레라 같은 전염병이 퍼졌고 수천, 수만 명이 한꺼번에 죽기도 했다. 수세기 동안 유럽의 도시를 위협한 페스트는 대화재가 일어나기 전 해에도 돌았고, 그것 때문에 7만 명이나 사망했다. 역설적이게도, 페스트 유행은 대화재 발생으로 런던의 쥐까지 모조리 불타 죽은 바람에 종료되었다고도 한다. 당시 런던의 교회에서는 전염병으로 죽은 사람의 수를 집계해 매주 주보에 발표했는데, 그랜트John Graunt가 이 사망표에 관심을 가졌다. 주보에 세례를 받은 사람의 수도 나왔기 때문에, 출생자와 사망자 수를 함께 파악할 수 있었고 남녀의 비율도 집계되었다. 모든 사람이 종교 생활을 하던 때라, 주보가 사회 전체를 이해하는 데 훌륭한 자료가 된 것이다. 그랜트는 교회의 사망표를 관찰하며 연도·계절·지역에 따른 실태를 파악하고, 사망 원인과 전염병의 종류와 영향 및 국내외 선박 수와 전염병의 관계까지 분석할 수 있었다. 그가 분석한 자료를 토대로 1662년에 《사망표에 관한 자연적·정치적 관찰Natural and Political Observations Made upon the Bills of Mortality》을 펴냈고, 이것이 통계학의 시초가 되었다.

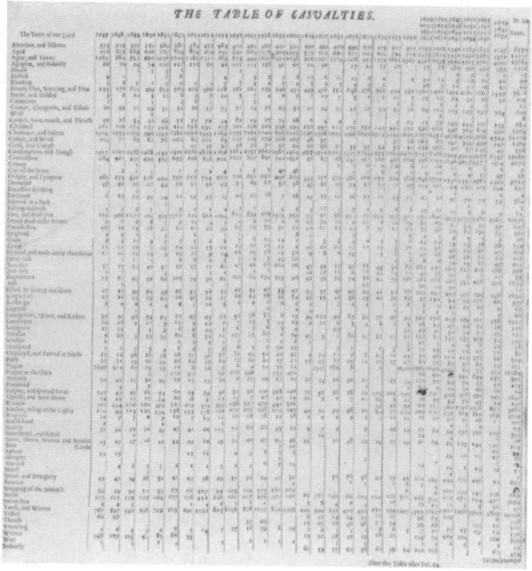

THE TABLE OF CASUALTIES.

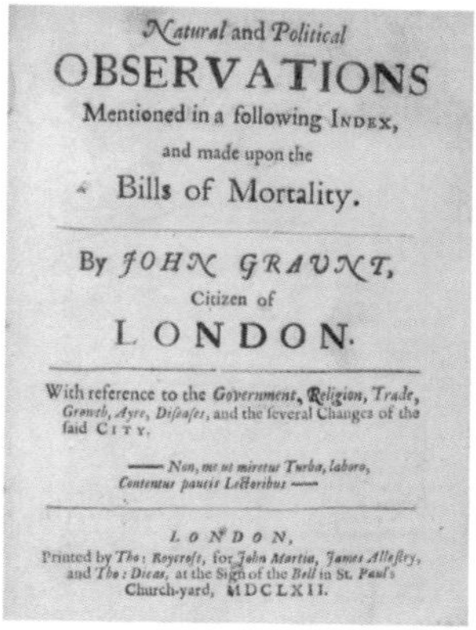

Natural and Political
OBSERVATIONS
Mentioned in a following INDEX,
and made upon the
Bills of Mortality.

By JOHN GRAUNT,
Citizen of
LONDON.

With reference to the Government, Religion, Trade, Growth, Ayre, Diseases, and the several Changes of the said CITY.

—— Non, me ut miretur Turba, laboro,
Contentus paucis Lectoribus ——

LONDON,
Printed by Tho: Roycroft, for John Martin, James Allestry, and Tho: Dicas, at the Sign of the Bell in St. Paul's Church-yard, MDCLXII.

그랜트가 교회의 자료를 분석해서 쓴 《사망표에 관한 자연적·정치적 관찰》은 통계학의 시초가 된다.

그랜트의 통계학은 그의 친구 페티William Petty가 발전시켰다. 경제학자이자 통계학자인 페티는 통계를 분석해 국가정책에 이용하는 데 선구적 구실을 했으며 《화폐론Quantulumcunque Concerning Money》과 《조세공납론Treatises of Taxes and Contributions》을 써서 정치경제학 발전에 기여했다. 그는 인구통계를 분석하고 국민소득을 계산했으며 통계를 이용해 화폐 정책과 실업 대책 등 정치·경제정책을 수립하도록 했다. 그의 통계학은 오늘날 국가에서 행하는 인구, 실업, 세금 등에 대한 통계조사의 기초가 되었다.

페티의 통계학이 수립될 무렵 독일에서도 통계학이 발전하고 있었다. 독일은 30년전쟁 뒤 파탄에 빠진 국가재정을 일으키기 위해 국세조사의 필요성이 제기되었고, 여기에서 독일의 통계학이 출발했다. 이렇게 통계학은 국가정책에 필요한 수치 정보를 제공하는 데 중요한 구실을 한다. 영어에서 통계학을 뜻하는 단어statistics가 '나라'를 뜻하는 '스테이트state'에서 비롯된 데서 그 의미를 알 수 있다.

영국의 수학자 피어슨Karl Pearson이 수립한 현대 통계학은 생물과 화학, 유전학 등 과학의 분석이나 산업에 활용된다. 공장에서 생산품을 분석해 불량품을 예측하는 데 쓰이고, 농업 연구에도 활용돼 생산성을 높인다. 현대사회에서 통계의 쓰임새는 더 많아졌다. 국가정책에 필요한 인구통계부터 상품의 생산과 소비, 선호도에 대한 통계까지 있다. 특히 최근에는 선거의 투표율과 여론조사, 당선자 예측 같은 통계도 접한다. 그리고 모든 구성원으로부터 정보를 얻는 것은 불가능하고 비효율적이기 때문에 임의의 집단이나 개체를 추출해 내는 표본조사를 한다.

이렇게 통계학은 집단에서 표본추출로 얻은 수치 정보를 근거로 집단의 특성을 알아내는 추론 과학이다. 어떤 집단의 실태나 현상을 통계분석, 진단으로 예측하며 대안을 마련하고 문제를 해결하게 한다. 그리고 도수분포표와 막대그래프, 분포 다각형 등 다양한 그래프를 이용하면 자료의 분포와 통계를 한눈에 잘 파악할 수 있다. 영국의 나이팅게일Florence Nightingale이 만든 도표가 오늘날의 통계 그래프에 많은 영향을 주었다. 나이팅게일은 크림전쟁 때의 사망자를 분석하고 그 결과를 한눈에 잘 파악할 수 있는 도표로 나타냈는데, 원의 중심에서 열두 갈래로 뻗친 모양이 아주 현대적이다. 이 도표를 통해 당시 질병, 부상 등 사망원인을 파악하고 군의 위생 상태도 개선할 수 있도록 했다. 혁신적인 간호 체계를 확립한 나이팅게일은 환자와 군인 보건에 관한 방대한 통계자료와 도표를 연구해 통계학의 발전에도 기여했다. 템스 강변에는 나

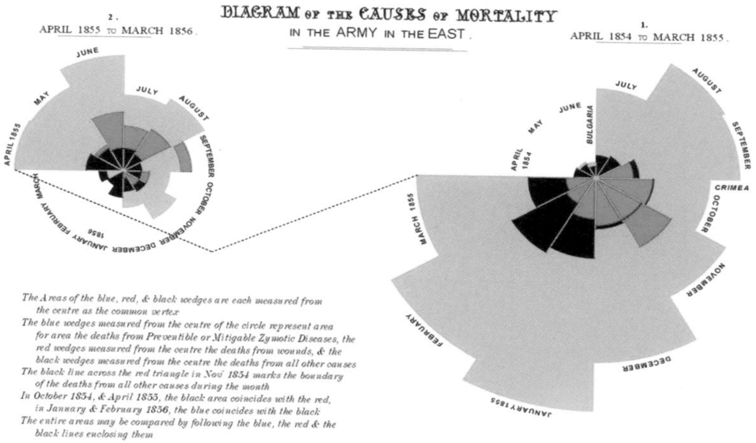

우리에게 '백의의 천사'로 잘 알려진 나이팅게일이 크림전쟁 때의 사망자를 분석한 장미 도표. 이 도표는 19세기 최고의 통계 그래프로 꼽힌다. 원의 중심에서 열두 갈래로 나온 표가 월별 사망자 수를 나타내며 색에 따라 질병, 부상 등 사망 원인도 담았다.

이팅게일이 일하던 세인트토머스 병원과 그녀가 세운 세계 최초의 간호학교가 있다.

2
직선보다 빠른 곡선, 사이클로이드 이론

영국 최초의 대학 옥스퍼드, '앨리스'가 탄생하다

런던에서 북서쪽으로 80킬로미터쯤 떨어진 옥스퍼드로 향했다. 옥스퍼드는 케임브리지와 함께 학문의 중심지로 영국에서 가장 오래된 대학인 옥스퍼드대학교가 자리 잡은 곳이다. 영국의 수많은 위인을 배출한 옥스퍼드의 학문적 기반은 13세기에 베이컨Roger Bacon이 강의하면서 다져졌다. 경험주의 과학철학자인 베이컨은 옥스퍼드에서 천문학과 수학을 연구하며 실험과학 분야를 이끌었다. 13세기 중반부터 세워진 칼리지가 지금은 30여 개에 이르러 옥스퍼드대학을 형성하며 도시 전체를 대학 교정으로 만들고 있다.

옥스퍼드 시내를 걸으며 명문 대학들을 돌아보았다. 출입을 통제하거나 입장료를 받는 곳도 있었다. 교정은 대개 사각형 안뜰을 중심으로 건물이 벽을 두르듯 들어서 있었고, 규모가 웅장했다. 옥스퍼드에서 가장

16각형 기층부가 인상적인 래드클리프 카메라 도서관. 주변에는 13세기에 세운 세인트메리교회와 유서 깊은 대학들이 있어서 도시를 대표한다.

규모가 큰 대학은 1525년에 설립한 크라이스트처치칼리지다. 영국의 정치가들 중 이 대학 출신이 많아, 수상을 열 명 넘게 배출했다.

옥스퍼드의 중심가에는 높이가 60미터라는 세인트메리교회의 탑이 13세기에 건설되었고, 그보다 오래된 종탑도 래드클리프 스퀘어에 있다. 번화한 이 거리는 고풍스러운 중세 건물들 사이로 서점과 카페 등 상점들이 많았다. 18세기 영국식 바로크 돔의 원형 건축물인 래드클리프 카메라 도서관도 위풍스럽게 서 있는데, 벽돌로 쌓은 기층부가 엄밀히 따지면 원형이 아닌 16각형이다. 수많은 장서를 자랑하는 유서 깊은 보들리언 도서관도 가깝다. 이 도서관은 영국에서 인쇄되는 모든 책을 기증받을 권한을 갖고 있다. 옥스퍼드에는 500년이 넘은 전통과 권위를 자랑하는 옥스퍼드출판사도 있고, 표준 영어를 이끌어 온 《옥스퍼드영어

대영박물관이 소장한 〈이상한 나라의 앨리스〉 초판 그림(왼쪽)과 캐럴.

사전Oxford English Dictionary》을 여기에서 펴낸다.

전 세계 어린이들이 사랑하는 동화 〈이상한 나라의 앨리스Alice's Adventures in Wonderland〉가 탄생한 곳도 옥스퍼드다. 옥스퍼드 거리의 서점과 기념품 가게에서 이 동화의 캐릭터 상품이 보였다. 캐럴Lewis Carroll이 쓴 〈이상한 나라의 앨리스〉는 논리적으로 완벽하고 수학적인 작품으로 인정받는다. 그의 본명은 찰스 루트위지 도지슨Charles Lutwidge Dodgson으로, 원래 수학자이자 논리학자다. 1856년에 시를 발표하면서부터 '루이스 캐럴'이라는 이름을 썼다. 본명을 라틴어로 번역하고 순서를 바꿔 만든 이 이름을 학술 논문을 제외한 모든 글에 썼다고 한다.

도지슨은 크라이스트처치칼리지를 수학 성적 1등으로 졸업한 수재로, 모교에서 수학을 강의하며 일생 크라이스트처치칼리지의 장학금을 받는 특별연구원이었다. 당시 연구원에게는 성직자가 되거나 결혼하지 않는다는 조건이 요구되었고, 그는 평생 독신으로 살았다. 수학책과 논문, 풍자적이고 해학적인 책도 쓴 도지슨은 크라이스트처치칼리지 학장의 자녀들을 위해 재미있는 이야기를 만들어 주곤 했다. 그중에서도 각별히 사랑한 앨리스에게 들려주려고 쓴 동화가 바로 〈이상한 나라의 앨리스〉고, 이 이야기가 1865년에 출판되자마자 영국에서 가장 인기 있는 동화책이 되었다.

영국에는 앨리스뿐 아니라 홈스, 해리 포터같이 세계적으로 유명한 캐릭터가 많다. 작품의 배경은 당연히 명소가 되었고 셰익스피어William Shakespeare, 크리스티Agatha Christie, 도일Arthur Conan Doyle 같은 작가들은 영국인들의 자랑이다. 옥스퍼드에서 북서쪽으로 올라간 에이번 강가에 셰익스피어의 고향 스트랫퍼드어폰에이번이 있다. 그의 생가가 이곳에 복원되어 있고, 동화에나 나올 것 같은 집들이 강변 거리에 16세기의 모습으로 재현되어 많은 사람이 찾는다.

옥스퍼드의 수학자 렌이 연구한 사이클로이드

한산하던 캠퍼스와 거리가 점심시간이 가까워지면서 갑자기 사람들로 붐볐다. 오전 수업을 마친 학생과 교수 들로 온 시가지가 활기찼다. 간단한 음식과 술을 파는 '펍pub'에서 '피시앤드칩스'를 사 먹었다. 말 그대로 생선 튀김에 감자 칩을 곁들인 것인데 영국 사람들이 즐겨 먹는 음식이다. 저녁에는 맥주와 함께 먹기도 한다. 점심을 먹고 산책 삼아 남쪽 칼리지들을 둘러보았다. 13세기에 설립된 머튼칼리지 뒤편의 자갈이 깔린 산책로가 크라이스트처치칼리지로 이어졌다. 수많은 인재를 배출한 두 명문 대학 사이로 난 길을 걸어 보았다.

옥스퍼드에서 가장 규모가 큰 크라이스트처치칼리지. 영국 수상 열세 명을 비롯해 수많은 정치가가 이곳 출신이다.

고딕 양식의 첨탑들이 솟아 있는 크라이스트처치칼리지 건물도 렌이 완성한 것이다. 정면과 8각형 탑이 특히 돋보이는데, 이곳에서 '해리 포터' 영화를 찍었다고 한다. 곧 마법사가 나올 것 같은 음침한 첨탑 꼭대기에 달린 6톤짜리 종은 정시보다 5분 늦게 울린다. 옥스퍼드가 그리니치보다 서쪽에 있어서 원칙적으로는 5분이라는 시차가 생기는 것이다.

렌은 건축가이자 수학자다. 런던 대화재가 없었다면 분명히 건축가보다는 수학자로서 더 많은 업적을 남겼을 것이다. 그는 물체의 충돌 법칙, 유체이론 등 수리물리학과 기하학, 광학, 천체역학에 관한 연구를 많이 했다. 그의 아버지가 찰스 1세Charles I의 사제였기 때문에 어릴 때 윈저 궁을 드나들며 왕의 학자들을 통해 수학에 관심을 갖게 되었다. 청교

도혁명으로 찰스 1세가 쫓겨나면서 윈저 궁 생활이 오래가지는 못했지만, 1649년에 옥스퍼드의 워덤칼리지에 입학해 천문학과 수학을 공부했다. 옥스퍼드에서 과학 연구를 위한 모임에 활발히 참여했는데, 이 모임이 나중에 영국왕립학회(영국학술원)가 되었고 렌은 왕립학회 헌장의 서문을 만들었다. 그는 1661년에 옥스퍼드대학에서 세빌 석좌교수로 임명되었다. 영국에서 수학 석좌교수직은 400년 전통으로 이어지고 있는데, 옥스퍼드의 세빌과 케임브리지의 루커스 석좌교수는 최고의 영예와 후원을 받는다. 머튼칼리지 학장이던 세빌Henry Savile이 1619년에 만든 세빌 기하학 교수직은 상용로그를 발명한 수학자 브리그스Henry Briggs가 처음으로 맡은 이래 무한 이론을 발전시키고 무한대 기호∞를 만든 월리스John Wallis, 혜성의 궤도를 계산한 핼리Edmond Halley, 렌이 그 영예를 이어받았다. 또 1663년에 루커스Henry Lucas의 기금으로 설립한 케임브리지대학의 루커스 석좌교수직은 수학자 배로Isaac Barrow에 이어 뉴턴이 두 번째로 맡았다. 최근에는 호킹Stephen Hawking이 30년간 이 자리에 있었다.

렌이 옥스퍼드의 석좌교수로 영국왕립학회장을 맡으며 천문학과 수학 연구를 활발히 하고 있을 때 런던 대화재가 일어나, 그 뒤로 수학자보다 건축가의 길을 가게 되었다. 그는 뛰어난 건축설계 능력을 발휘해 세인트폴대성당을 비롯해 런던을 재건하는 데 매달렸다. 런던에 있는 교회 쉰세 곳을 그가 설계했으며 많은 공공건물과 주택을 지었다. 켄싱턴 궁과 정원의 미로로 유명한 햄프턴 궁도 그의 작품이다.

렌의 수학적 업적 중 가장 큰 것은 뉴턴과 파스칼도 높이 평가한 사이클로이드 이론이다. 사이클로이드는 원이 직선 위를 구를 때 원주 위의 한 점이 만드는 곡선을 가리키는 말로, 자전거 바퀴가 굴러가면서 만드

렌은 세인트폴대성당을 비롯한 런던의 건축에 크게 공헌했고, 뛰어난 수학자로서 영국왕립학회장을 역임했다. 업적에 어울리게 '경Sir'으로 불린 그는 세인트폴대성당에서 성대한 장례식을 치른 뒤 잠들어 있다.

는 곡선과 같다고 해서 붙은 이름이다. 자전거 바퀴에 껌이 붙어 있다고 생각해 보자. 자전거 바퀴가 움직이면 껌도 따라 움직이면서 사이클로이드 곡선 모양을 반복적으로 그리게 된다. 아래 그림처럼 원 위의 한 점 P가 P1부터 P5까지 움직인 자취가 만든 곡선이 사이클로이드다.

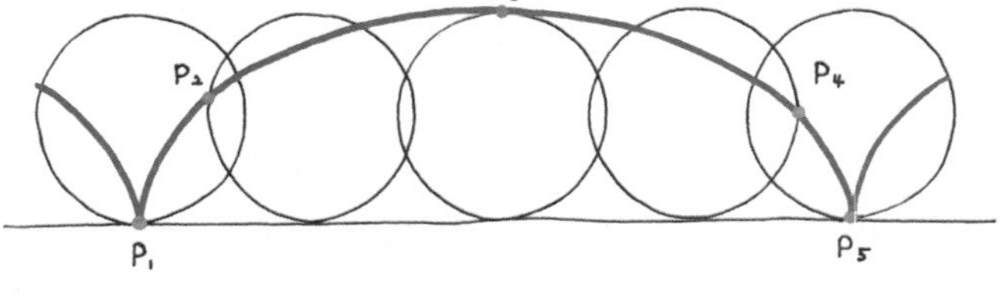

사이클로이드는 갈릴레오가 처음 이론으로 연구하고 다리의 아치에

이 곡선을 이용하도록 제안했다. 사이클로이드에 관한 연구가 활발해져 이 곡선과 만나는 접선의 작도 방법, 면적과 회전체에 관한 문제도 풀렸다. 특히 파스칼의 풀이는 미적분학이 확립되기 전 초기 이론에 영향을 주었다. 프랑스에서 파스칼이 사이클로이드 연구에 몰입하던 해와 같은 1658년에 영국의 렌도 이 곡선을 연구해 사이클로이드 한 호의 길이가 그것을 만드는 원의 반지름 길이의 여덟 배라는 것을 처음으로 밝혔다.

사이클로이드는 17세기 후반부터 많은 수학자를 매료하며 연구에 뛰어들게 했고 거센 논쟁도 불러일으켰다. 파스칼이 제기한 사이클로이드의 연구에서 큰 성과를 보인 프랑스의 로베르발Gilles Persone de Roberval과 이탈리아의 토리첼리Evangelista Torricelli 사이에 표절 논쟁이 처음 붙었는데, 여기에 프랑스와 이탈리아의 수학자들이 서로 편을 들며 가세했다. 이 과정에서 불만을 품은 영국의 수학자들까지 문제를 제기하면서 유럽의 수학계는 벌집을 쑤셔 놓은 것처럼 한바탕 격렬한 분쟁을 치렀다. 이런 사건들 때문에 사이클로이드는 '분쟁의 씨'로 불리며 '기하학의 헬레네'라는 별칭도 생겼다. 그리스신화에서 트로이전쟁의 원인이 된 헬레네에 비유한 것이다.

직선보다 빠른 곡선, 최단강하선

사이클로이드 곡선은 어떤 높이에서 공을 굴려도 동시에 바닥에 닿는다는 특징이 있다. 사이클로이드를 거꾸로 해 다음 그림과 같이 될 때 서로 다른 높이에서, 즉 P1·P5에서 또는 P2·P4에서 공을 굴려도 P3에 도착하는 시간은 같다. 그래서 사이클로이드는 '등시곡선'으로 불린다.

사이클로이드의 또 다른 특징은 이 곡선에서 물체가 가장 빨리 굴러

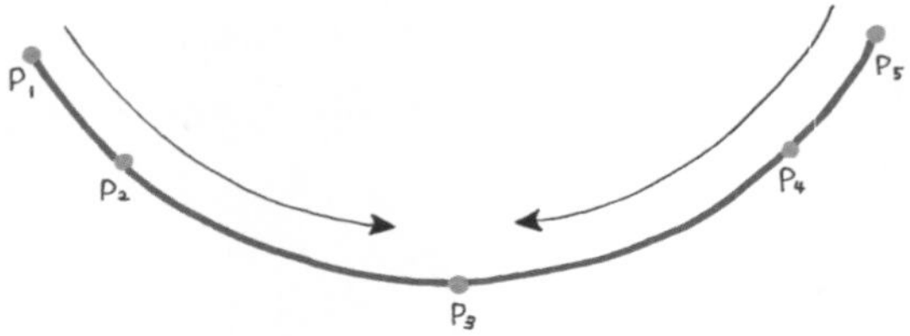

떨어진다는 점이다. 보통 직선에서 굴린 물체가 가장 빨리 떨어질 것이라고 생각하기 쉽지만, 실제로는 직선이나 원 모양의 미끄럼틀에서 공을 굴리는 것보다 사이클로이드에서 굴리는 공이 가장 빨리 바닥에 떨어진다. 사이클로이드 곡선의 경사가 가파른 부분에서는 중력가속도가 붙고 완만한 부분에서는 관성력이 작용하기 때문이다. 이렇게 물체가 가장 빨리 바닥에 닿기 때문에 사이클로이드를 '최단강하곡선'이라고도 한다. 독수리나 매가 땅 위의 먹이를 잡을 때 직선이 아닌 곡선 비행을 하며 내려오는데, 그 비행 궤도가 바로 사이클로이드에 가깝다. 또 건물의 지붕이나 아치를 사이클로이드 모양이 되도록 만들면 빗물이 빨리 흘러내린다. 그래서 사이클로이드 곡선을 한옥의 기와지붕과 암키와, 석탑의 지붕돌에서도 볼 수 있다.

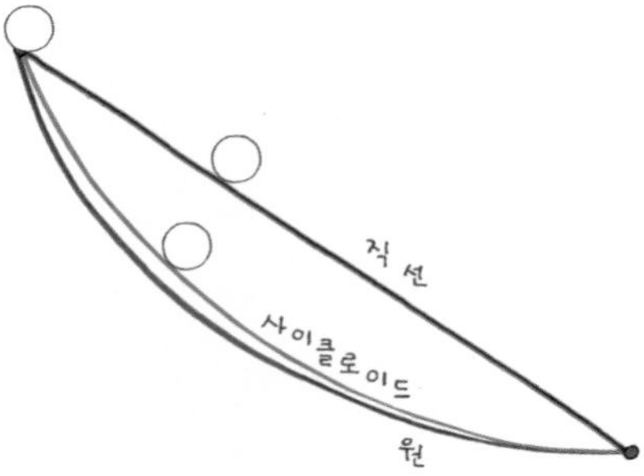

17세기 말엽에 사이클로이드는 중력에만 의존하는 물체가 가장 짧은 시간에 두 점 사이를 마찰 없이 미끄러지며 지나가는 궤도, 즉 '최단강하선'을 찾는 문제로 발전했다. 이 문제는 스위스의 야코프 베르누이가 처음 발견했는데 그의 동생인 요한 베르누이도 이것을 알아내 형제간에 경쟁이 벌어지기도 했다. 스위스의 부유한 귀족 베르누이 가문은 뛰어난 수학자를 열 명이나 배출한 명문가로, 유전학자들까지 관심을 가졌다. 특히 야코프와 요한 형제는 '베르누이 정리'·'베르누이 방정식'·'베르누이 분포' 등 수많은 업적으로 수학사에 이름을 남겼는데, 1696년에 이 형제가 당대 뛰어난 수학자들에게 편지로 문제를 냈다.

"높이가 다른 두 점을 잇는 선 위에서 구슬이 마찰 없이 중력에 따라 미끄러진다고 가정할 때, 최소 시간에 구슬이 높은 곳에서 낮은 지점에 도달하려면 어떤 모양의 곡선이어야 하는가? 즉 최단강하선은 어떤 모양인가?"

이 문제는 당시 최고의 수학자로 명성을 떨치던 독일의 라이프니츠와 영국의 뉴턴에게도 전해졌다. 라이프니츠는 답장을 보냈으나 뉴턴은 답장을 보내지 않았다. 두 사람의 미적분 논쟁이 가열되고 있던 때다. 뉴턴은 라이프니츠 편을 드는 베르누이가 자신을 시험한다고 여겨, 겨우 몇 시간 만에 문제를 풀었지만 그 해법을 영국왕립학회 회보에 익명으로 발표해 버렸다. 베르누이는 회보에 발표된 풀이를 보고 뉴턴의 것이라는 사실을 바로 알아챘다고 한다.

베르누이가 낸 문제의 답은 바로 사이클로이드고, 당시 문제를 맞힌 수학자는 네 명이라고 한다. 이 문제는 뉴턴과 라이프니츠, 두 수학자가 발견해 수학사에서 가장 치열한 논쟁을 벌인 미적분과도 관련이 있다.

높이가 서로 다른 두 지점을 잇는 곡선에서 최소 시간에 도달하는 최단 강하선을 구하는 것은 적분과 극솟값·극댓값·곡선의 미분방정식을 찾는 것으로, 미적분을 다루기 때문이다. 17세기에 직선보다 빠른 곡선인 사이클로이드 궤도를 찾는 문제는 곧이어 연속함수의 변화율과 미적분학의 문제, 즉 움직이는 세계를 다루는 수학으로 발전한다.

3
뉴턴과 라이프니츠의 미적분학

케임브리지, 뉴턴의 과학이 확립된 곳

런던에서 80킬로미터 올라간 케임브리지 시는 번화한 옥스퍼드에 비해 조용하고 아담하다. 역사가 오랜 이 대학 도시는 푸른 숲이 우거진 캠 강가에 있으며 중세의 모습이 많다. 케임브리지대학교는 캠 강을 따라 유서 깊은 단과대학들이 이어져 있다. 뉴턴이 다닌 대학도 이곳에 자리한다. 13세기부터 세워진 케임브리지의 대학들도 옥스퍼드대학처럼 영국의 뛰어난 인물을 많이 배출했다. 뉴턴과 다윈Charles Darwin, 밀턴John Milton과 바이런George Gordon Byron, 경제학자 케인스John Maynard Keynes 등이 다닌 이 대학 도서관에는 밀턴의 시와 다윈의 논문과 뉴턴의 《프린키피아Principia》 초판본이 있다. 또 뉴턴이 쓰던 지팡이, 회중시계와 머리카락까지 전시해 놓았다.

케임브리지에서 가장 큰 대학은 1546년에 헨리 8세Henry VIII가 설립한

뉴턴과 다윈이 다닌 케임브리지의 트리니티칼리지. 렌이 건축한 이 대학의 도서관에는 뉴턴의 《프린키피아》 초판과 다윈의 논문 초고가 보관되어 있다.

트리니티칼리지다. 뉴턴이 40년간 몸담은 이 대학에는 그에 관한 기념물이 많다. 뉴턴의 조각상에는 라틴어로 "그는 인간의 지식을 넘어섰다."라고 새겨져 있고, 그가 머무르던 기숙사와 사과나무도 유명하다. 뉴턴의 모교답게 수학을 비롯한 자연과학 분야에서 뛰어난 이곳의 우등 졸업시험에서 가장 중요한 과목이 수학이었다. 캠 강에는 '수학의 다리'라고 불리는 목조 다리까지 있다.

뉴턴은 광학, 역학, 수학에 뛰어난 업적을 남긴 17세기 과학혁명의 상징적 인물이다. 그는 케임브리지에서 만유인력의 법칙과 운동 법칙을 만

케임브리지대학교의 '수학의 다리'는 직선 목재를 조립해서 만들었다. 여기에는 수학 시험을 치른 학생들이 탄식하며 건넌다는 '탄식의 다리'도 있다. 트라이포스로 불린 이 대학 졸업 시험에서 가장 중요한 과목은 수학이었다.

들어 과학의 체계를 확립하고 미적분학을 발견했다. 과학의 빛나는 업적들이 쏟아져 나온 이 시기의 과학적 관심과 주제는 '움직이는 세계', 운동에 관한 것이었다. 종교개혁과 전쟁, 신대륙의 발견, 생산력과 기술의 발전 등으로 당시 세상은 놀랍도록 변했으며 지구가 우주의 중심이 아니고 행성들의 궤도가 원이 아니라는 사실도 제기되었다. 자연현상을 이해하기 위한 새로운 과학의 문제들이 제기됨에 따라 빛을 탐구하는 광학, 물체의 운동에 관한 역학, 행성의 운동 법칙 등에서 새로운 이론들이 나왔다. 따라서 수학의 중요한 주제도 '운동'과 '변화'에 관한 것이었다.

영국의 뉴턴(왼쪽)과 독일의 라이프니츠가 미적분학을 발견했다.

수학의 새로운 문제들은 물체의 운동과 방향·속도와 관계되었고, 수학자들은 이것을 푸는 데 집중했다. 운동하는 물체의 궤도, 거리와 시간의 관계, 순간속도와 가속도, 접선, 함수의 극한, 곡선으로 둘러싸인 부분의 넓이와 부피 같은 문제였다. 17세기 초반부터 수학자들이 이 문제들의 해법을 찾는 데 노력한 끝에 뉴턴과 라이프니츠가 미적분학을 발견해 냈다.

17세기 수학의 최고 업적인 미적분학은 움직이는 세계를 다룬다. 그 전의 모든 수학은 고정된 물체를 대상으로 한 것이었지만, 미적분학은 중력처럼 우리 눈에 보이지 않는 움직임을 측정하고 행성과 물체의 운동을 계산한다. 미적분학은 처음 발견되었을 때부터 중요한 수학 이론으로 평가받으며 전기, 역학, 항공 등 공학 분야에 활용되고 경제학, 통계학, 기상학에서도 없으면 안 될 정도로 중요해졌다. 변화가 빠른 현대사회에서 다양한 함수와 변량, 변수가 관계된 미적분학은 더 중요해졌다. 특히 오늘날에는 물가와 금리, 환율, 주가 등을 통해 금융시장을 분석하고 예측하는 데 미적분학을 활용한다. 또 온도, 기압, 풍속 등으로 미분방정식을 만들어 날씨를 예측한다. 우주탐사선의 발사도 미적분의 계산 덕에 가능해졌다. 이렇게 미적분학은 모든 사물의 운동과 변화를 파악하고 측정, 예측하는 데 중요한 구실을 한다. 그래서 미적분학의 발견은 인류에게 바퀴나 인쇄술의 발명만큼이나 획기적이고 혁명적인 것이다.

움직이는 순간의 속도 '유율', 뉴턴의 미분법

뉴턴은 1643년에 링컨셔 주 그랜섬 시의 작은 마을 울즈소프에서 유복자로 태어났다. 그는 1쿼터짜리 컵에 들어갈 만큼 아주 작은 미숙아였고, 두 살 때 어머니까지 그를 두고 재혼하면서 할머니 손에 자랐다. 그는 어릴 때부터 기계 모형을 만드는 데 뛰어난 재능을 발휘해 생쥐의 힘으로 밀을 빻는 장난감 방앗간과 물의 힘으로 움직이는 나무 시계를 만들었다. 주변에서 일어나는 모든 일과 자연현상에 관심을 가졌는데, 특히 빛과 색이 가장 큰 관심의 대상이었다. 실명의 위험을 무릅쓰고 눈으로 빛이 어떻게 들어오는지를 관찰하기도 했는데, 어린 시절의 이런 관심과 관찰이 빛과 색에 대한 위대한 업적인 《광학Opticks》을 낳는 데 밑거름이 되었다.

열여덟 살에 트리니티칼리지에 입학한 뉴턴은 유클리드의 《원본》과 데카르트의 〈기하학〉, 오트레드William Oughtred의 《수학의 열쇠Clavis Mathematice》를 읽고 수학에 관심을 가졌으며 당시 영국의 수학을 이끌던 월리스의 《무한의 수론Arithmetica Infinitorum》을 통해 수학에 몰입하게 되었다. 그는 이 시기부터 연구한 것을 '철학적 문제Quaestiones Quaedam Philosophicae'

라는 제목으로 기록하며 새로운 철학과 과학의 세계를 본격적으로 펼쳐 나갔다. 그의 천재성은 학생 때 이미 뛰어난 수학 업적인 '이항정리'를 발견한 것으로 인정받았다.

1665년 런던에 페스트가 돌아 케임브리지대학이 휴교하자 뉴턴은 고향으로 돌아가 이듬해까지 지내며 과학과 수학 연구에 전념했다. 그가 고향에서 머문 이 시기는 과학계에서 '기적의 해'라고 부를 만큼 그의 천재성이 폭발적으로 발휘되어, 훗날 그가 이룬 위대한 업적의 중요한 부분들이 이때 싹텄다. 색깔에 관한 광학 이론과 만유인력의 원리, 미분법으로 알려지는 '유율법流率法'을 발견한 것이다. 뉴턴의 '유율fluxion'은 미분(도함수)에 대한 최초의 용어로 물체가 움직이는 속도, 즉 순간변화율이다.

뉴턴은 어린 시절부터 사과나무 아래에서 혼자 골똘히 사색에 잠겼다. 사과가 땅에 떨어지는 것은 어떤 힘이 끌어당기기 때문이라고 생각했고, 그 힘을 지구의 인력(중력)이라고 했다. 지구가 자전하는데도 바닷물이 지구 표면에서 떨어지지 않는 것은 인력이 있기 때문이다. 달에도 인력이 존재하기 때문에 지구와 거리를 유지하면서 공전하는 것이다. 지구가 태양의 둘레를 도는 것도 마찬가지다. 뉴턴은 태양과 지구를 포함한 모든 우주의 별에 인력이 있을 것이라는 결론을 고향에서 지낸 시기에 내렸다. 그의 생각은 이때부터 20여 년이 지난 1687년에 '만유인력의 법칙'이라는 이름으로 세상에 나왔다.

뉴턴의 사과나무는 미적분학에 대한 영감도 가져다준다. 떨어지는 사과는 점점 더 빨리 움직인다. 속도뿐만 아니라 가속도를 갖기 때문이다. 그렇다면 사과가 떨어지는 순간의 정확한 속도를 구할 수 있을까? 이 순간속도를 구하는 문제는 사과의 운동뿐 아니라 모든 움직이는 물체의 운

뉴턴의 생가와 그에게 영감을 준 덕에 '영국의 가장 위대한 나무'로 선정된 사과나무.

동, 우주 공간에서 움직이는 천체의 운동과도 관련된다. 당시 많은 과학자가 행성의 운동을 연구하고 있었다. 행성이 특정 지점을 지나는 순간의 속도를 구할 수 있다면, 그 지점을 지나는 시간과 거리와 속도의 변화율도 다룰 수 있다. 게다가 행성의 궤도를 구하고 모든 천체의 운동도 설명할 수 있게 된다. 그런데 운동의 순간속도는 정확히 구할 수가 없기 때문에 평균속도와 얼마나 다른지를 나타내는 변화율로 구한다. 속도의 변화율이 작을수록 순간속도의 값이 정확할 것이다. 즉 시간의 구간을 쪼개 간격을 좁힐수록 순간의 지점에 더 가까운 값을 얻는데, 이것은 변화율이 0에 가까워질 때의 극한값이다. 뉴턴은 바로 이런 속도의 변화율을 '유율'이라고 했다. 즉 시간의 흐름에 따라 변하는 양을 다룬다는 의미가 된다. 이렇게 움직이는 양에 대한 속도와 순간변화율을 구하는 것이 바로 '미분'이다. 뉴턴은 운동하는 물체의 속도를 구하는 과정에 미분법을 발견했다.

한편 뉴턴은 나무에서 떨어지는 사과를 보고 영감이 떠올라 만유인력과 미적분학을 발견했다는데, 그 사과나무가 뉴턴의 생가 옆에 있다. 울즈소프에 있는 이 사과나무는 '영국의 가장 위대한 나무'로도 선정되었다. 뉴턴이 사과나무에서 영감을 받았다는 것은 그의 친구가 한 말에서 전해졌는데, 사실 여부는 확인되지 않았다. 어쨌든 뉴턴의 사과나무가 접목으로 길러져 각 나라에 기증되고 있으며, 우리나라도 기증받아서 대학과 연구소·과학고등학교 등에 분양되었다.

일찍이 고대 그리스의 기하학에서 극한과 무한소를 이용해 부피를 구한 것에서 적분의 개념이 발전된 데 비해 미분법은 아주 늦게 출현했다. 미분은 연속된 함수의 변화율을 다루고, 이것은 함수를 나타내는 그래프의 기울기로 표현된다. 그리고 미분의 역, 즉 역도함수를 구하는 것이 적분이다. 미분 계산은 곡선의 접선을 구하는 것이고, 적분 계산은 곡선으로 둘러싸인 영역(a, b)의 면적을 구하는 것이 된다. 증가한 시간(Δx)의 간격을 작게 해 0에 수렴(극한)할수록 곡선에 가까운 값이 된다.

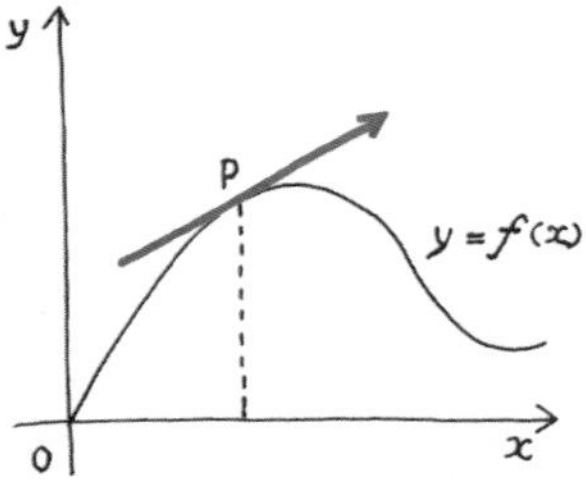

곡선의 접선을 구하는 미분의 계산

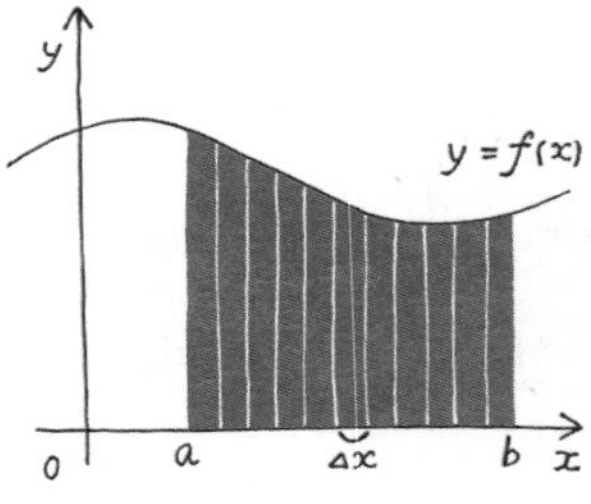

곡선 영역의 면적을 구하는 적분의 계산

뉴턴의 유율은 행성의 운동 법칙을 다룰 때 효과적으로 쓰였다. 케플러Johannes Kepler가 밝혀냈듯이 행성은 타원 궤도를 그리기 때문에 일정한 속도로 움직이지 않는다. 순간마다 달라지는 행성의 속도를 알아내는 데 유율법이 적합했던 것이다. 뉴턴의 미분법 발견은 라이프니츠보다 10년이 빨랐다. 뉴턴이 도입한 변량과 유율은 각각 오늘날의 함수와 도함수에 해당한다. 이런 단어의 변화는, 라이프니츠의 도함수와 미분이 사용되면서 뉴턴이 도입한 말들은 쓰이지 않게 되었기 때문이다.

미적분학은 분해한다는 뜻이 있는 미분과 통합한다는 뜻이 있는 적분이 합쳐진 것으로 라이프니츠가 처음 쓴 말이다. 미분은 주어진 영역을 쪼개고 분해해서 그 '변화'를 측정하는 것이고, 적분은 '영역의 면적'을 합해 측정하는 것이다. 미분과 적분은 서로 반대되는 개념이며 미분의 역연산이 적분이다. 그래서 이 둘은 동전의 양면같이 한 분야가 될 수 있고, 여기에 미적분학 이론의 완벽함과 묘미가 있다. 미적분학의 발견으로 수학은 움직이는 모든 것을 계산할 수 있게 되었다. 궤도를 도는 행성과 떨어지는 물체의 속도, 흐르는 액체의 양을 계산한다. 대기압의 변화와 빗방울이 떨어지는 속도, 한순간의 바람까지 계산할 수 있는 것이다. 미적분은 우주 공간에서 일어나는 천체의 운동과 변화에 관한 문제들을 설명할 뿐만 아니라 우리가 사는 세상의 움직임도 계산한다. 물가와 주식의 변동, 날씨와 교통의 흐름, 대기오염 문제도 계산한다. 운동과 변화가 관련된 모든 것에 미적분학이 있는 것이다. 영어에서 미적분Calculus과 '계산하다calculate'의 어원이 같은 데서 알 수 있듯, 미적분은 움직이는 세상과 자연을 이해하기 위한 수학의 논리적이고 기본적인 계산법이다.

미적분학과 만유인력의 탄생, 《자연철학의 수학적 원리》

1667년에 케임브리지로 돌아간 뉴턴은 유율을 세상에 알리지 않았다. 미분학에 관한 연구를 구체화해 〈급수와 유율의 방법에 관하여De methodis serierum et fluxionum〉라는 원고만 써 놓고 발표하지 않은 것이다. 20대 후반이던 1669년에 루커스 석좌교수가 된 뉴턴은 반사망원경을 발명하고 광학 이론을 발표했다. 그런데 이 광학 이론이 기존 이론을 부정한 내용 때문에 일부 과학자와 종교계의 큰 논쟁을 불러일으켰다. 특히 왕립학회를 이끌고 있던 훅Robert Hooke의 격렬한 비난을 받자 뉴턴은 외부와 단절해 버렸다. 훅과는 이때부터 30년간 불화했고, 논쟁이 지겨워서 과학적 발견을 학계에 알리지 않는 습관을 한동안 이어 갔다. 그래서 미적분학도 20년이나 발표를 미루다 라이프니츠와 우선권 논쟁을 벌인 것이다.

뉴턴은 엄청난 열정과 집중력으로 연구에 몰두하기로 유명하고 그에 관한 일화도 많다. 시계를 달걀인 줄 알고 냄비에 넣고 삶았다거나, 손님을 초대해 포도주를 가지러 갔다가 갑자기 생각난 수학 문제를 푸느라 돌아오지 않았다는 일화도 있다. 수학 문제에 열중하느라 먹지도 않은 음식이 치워지기 일쑤였고 그 음식을 먹은 고양이가 아주 살쪘다고도 한다. 또 말고삐를 쥐고 언덕을 오른 뉴턴이 말이 미끄러져 떨어진 것도 모르고 말고삐만 쥔 채 말을 타려고 했다는 등 전하는 이야기는 우스꽝스럽지만 그가 연구에 빠진 모습을 잘 보여 준다.

1679년에 뉴턴은 '우주에 있는 임의의 두 물체는 그 질량의 곱에 비례하고 그들 사이 거리의 제곱에 반비례하는 힘으로 서로 끌어당긴다'는 만유인력의 법칙을 증명했다. 이 법칙은 '케플러의 행성 운동 법칙'을 확증하는 것이었다. 그 결과, 태양 주위를 도는 행성의 운동뿐 아니라 지구나 목성 주위를 도는 위성의 운동도 설명할 수 있었다. 또 혜성의 운동이나 조석 현상의 설명에도 적용되었다. 뉴턴은 이것을 라틴어로 '무거움'을 뜻하는 '그라비타스gravitas', 즉 중력이라고 불렀다. 중력은 태양계의 모든 천체 운동과 우주의 모든 물질 입자 사이에 보편적으로 존재하는 것으로 증명되었다. 그런데 만유인력 법칙도 1684년에 천문학자인 핼리가 뉴턴을 방문할 때까지 세상에 알려지지 않았다. 핼리는 행성의 궤도 문제를 푸는 데 어려움을 겪자 케임브리지로 가서 뉴턴을 만났고, 뉴턴의 역학 법칙을 적용해 행성의 궤도를 정확히 계산해 냈다. 핼리는 1682년에 관측된 혜성이 1758년에 돌아올 것을 정확히 예측했다. 이렇게 궤도 주기가 계산된 첫 번째 혜성이 '핼리 혜성'이고, 이로써 혜성도 태양계의 구성원임이 증명되었다.

핼리는 뉴턴에게 그간의 연구를 정리해 책을 내도록 설득했다. 결국 뉴턴은 미분법을 발견한 지 20년 만인 1685년에 《자연철학의 수학적 원리Philosophiae Naturalis Principia Mathematica》, 즉 《프린키피아》 첫 권을 발행했다. 1687년에 완성된 《자연철학의 수학적 원리》는 근대과학의 가장 중요한 책으로 수세기에 걸쳐 읽히는 베스트셀러다. 뉴턴은 이 책의 초판에 이런 말을 남겼다. "이 책은 자연철학에 대한 수학적 원리다. 나는 이 책에서 수학적 표현들을 이용해 우주의 원리를 풀고자 했다." 이 책을 통해 뉴턴의 만유인력과 미적분학이 처음 세상에 나왔다. 뉴턴이 미적분이라는 말을 쓰지는 않았으나 그 개념과 내용을 다룬 것이다. 행성의 타원궤도 문제와 관성의 법칙, 작용반작용의 법칙 같은 뉴턴의 운동 법칙도 나왔다. 역학의 체계를 확립한 뉴턴의 운동 법칙은, 제1법칙이 '물체는 외부에서 힘이 작용하지 않는 한 현 상태를 유지하려고 한다'는 관성의 법

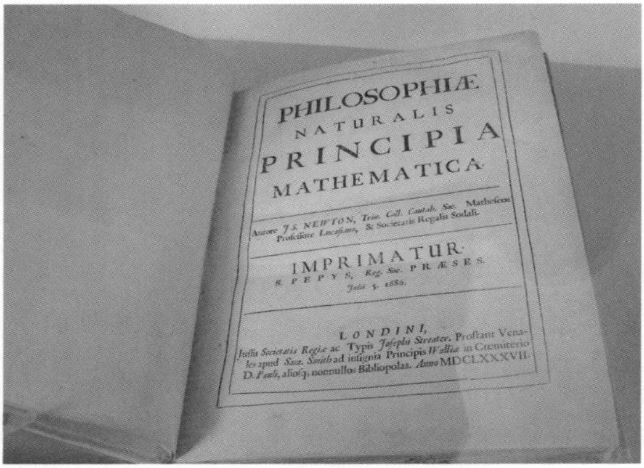

뉴턴의 《프린키피아》 표지, 케임브리지 트리니티칼리지의 렌 도서관에 원본이 있다.

칙이고 제2법칙이 '운동량은 힘에 비례하며 가속도(a)는 힘(F)에 비례하고 물체의 질량(m)에 반비례한다(F=ma)'는 가속도의 법칙이며 제3법칙은 작용반작용의 법칙으로 모든 작용에 크기가 같고 방향이 반대인 반작용이 있다는 것이다.

세 권으로 된 《프린키피아》는 자연과학의 원리를 정의, 공리, 법칙, 정리, 보조정리, 명제 등으로 분류해 체계적·이론적으로 서술한다. 뉴턴은 수많은 현상 속에서 가설을 설정하고 수학적인 방법으로 현상을 설명하고 증명함으로써 그 가설이 존재한다는 것을 보였다. 즉 과학의 문제를 다루는 구체적 방법을 제시한 것이다. 이는 자연과학을 설명하는 기초적인 체계가 되어 수많은 과학자에게 커다란 영향을 주었다.

《프린키피아》의 출판으로 영국의 젊은 과학자들이 뉴턴의 뒤를 따랐다. 뉴턴은 1688년 명예혁명 후 케임브리지 대표로 혁명 회의에 참석했으며 조폐국장이 되어 화폐 주조와 위조 방지에 힘썼다. 그가 많은 위조

웨스트민스터사원에 있는 뉴턴의 무덤과 기념비. 그가 학생 때 증명한 수학의 이항정리와 포프의 시가 새겨져 있다.

범들을 교수대로 보내 그들에게 공포의 이름이 되기도 했다. 오랫동안 불화하던 훅이 죽은 해에는 왕립학회 회장이 되어 생애 마지막까지 25년 동안 자리를 지키고 기사 작위까지 받았다. 1727년에 숨진 그는 당대 최고의 학자로서 웨스트민스터사원의 가장 영광스러운 자리에 묻혔다.

뉴턴은 아르키메데스, 가우스와 함께 인류 역사상 가장 위대한 수학자로 꼽힌다. 지금까지 수학사가 뉴턴을 기준으로 삼아 전후로 나뉠 정도다. 라이프니츠조차 "태초부터 수학을 놓고 볼 때 뉴턴이 이룩한 업적이 반 이상이다."라고 말하며 그의 위대성을 인정했다. 포프Alexander Pope가 뉴턴을 찬양한 시는 그의 묘비에 새겨져 있다.

모든 자연의 법칙은 어둠에 묻혀 숨겨져 있었고,

신께서 뉴턴을 있게 해 모든 것이 빛이 되었다.

뉴턴과 라이프니츠의 미적분 논쟁

앞에서 말한 것처럼 라이프니츠도 뉴턴과 비슷한 시기에 미적분학을 발견했다. 두 사람이 동시에 같은 이론을 내놓았기 때문에 누가 처음 미적분학을 발견했는가를 두고 커다란 논쟁이 일어났다. 두 사람의 생애 마지막까지 격렬했던 이 논쟁은 당사자들이 세상을 떠난 뒤에도 이어졌다. 영국의 수학자들은 뉴턴의 편이었고, 스위스의 베르누이 형제 같은 유럽 대륙의 수학자들은 라이프니츠 편이었다. 결국 이 논쟁은 영국과 대륙 간 학계 싸움으로 번져 '세기의 논쟁'으로 불렸고, 두 학계는 오랫동안 서로 배척했다. 영국의 수학자들이 한 세기 동안 대륙과 교류를 단절한 것은 영국의 수학 발전에 큰 걸림돌이 되기도 했다.

사실 뉴턴과 라이프니츠는 각자 독립적인 방법으로 미적분학을 발견했다. 뉴턴은 미적분을 '극한'의 개념에서, 라이프니츠는 '곡선의 기울기'에서 착안했다. 《프린키피아》 첫 권이 나오기 직전인 1684년에 라이프니츠가 〈무리수에 대해서도 적용할 수 있는 극대, 극소와 접선에 관한 새로운 방법 그리고 그것을 위한 놀라운 계산법Nova methodus pro maximis et minimis, itemque tangentibus, quae nec fractas nec irrationales quantitates moratur, et singulare pro illis calculi genus〉이라는 긴 제목의 논문을 발표했는데, 바로 이것이 라이프니츠의 첫 번째 미적분학 논문으로 미적분 논쟁을 불러일으켰다.

라이프니츠는 뉴턴보다 4년 정도 늦게 1646년 라이프치히에서 태어났으며 뉴턴이 케임브리지대학에 들어간 해에 열다섯 살 나이로 라이프치히대학에 들어갔다. 그는 법학을 공부하며 수학에서 뛰어난 실력을 발휘해 10대에 보편적 기호법에 대한 개념을 발전시켰다. 이것은 훗날 영국 수학자 불George Boole의 기호논리학에 영향을 주었다. 라이프니츠는 컴퓨터 이론의 원형이 된 이진법 체계를 완성했고, 파스칼의 계산기보다 개선되어 사칙연산과 거듭제곱근까지 계산할 수 있는 기기도 만들었다. 그리고 현재 사용하는 미적분학의 기호들을 만들었다.

1675년경부터 라이프니츠는 미분과 적분의 기초를 세웠으며 1684년에 미적분 논문을 발표하며 지금의 미분 기호인 $\frac{dx}{dt}$를 사용했다. 그리고 2년 후에 발표한 논문에서는 지금 쓰는 적분 기호인 인테그럴$\int$도 만들었다. 이 기호는 면적의 합계를 의미하는 S를 길게 늘인 형태다. 그의 가장 위대한 업적은 다음과 같이 '미적분학의 기본 정리'를 만든 것이다. 이것은 오늘날 사용하는 미적분의 기본 공식이다.

$\frac{dF}{dx} = f(x)$일 때 면적 $S = \int_a^b f(x)dx = F(b) - F(a)$

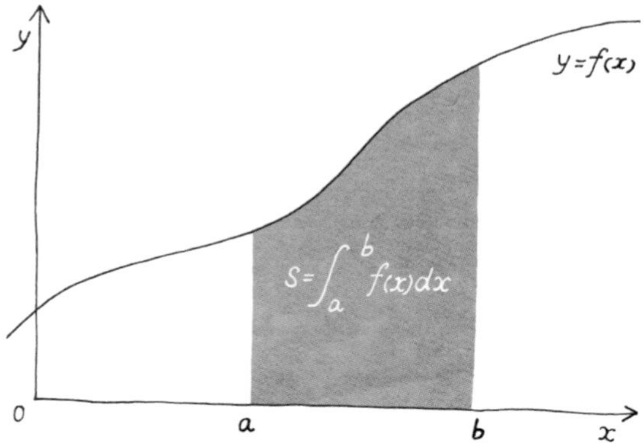

라이프니츠가 40년 동안 생애를 보내고 숨을 거둔 하노버 시의 하노버대학교가 2007년에 라이프니츠대학교로 이름을 바꾸었다. 대학의 상징도 이진법을 표기한 라이프니츠의 친필 글씨를 따다 만들었다.

18세기에 뉴턴과 라이프니츠의 미적분 논쟁은 더욱 격렬해져 유럽 대륙을 뒤흔들었다. 뉴턴 측에서는 라이프니츠가 출판업자를 통해 뉴턴의 미출간 자료를 보고 표절해서 논문을 썼다고 주장했다. 이에 대해 라이프니츠는 뉴턴의 논문과 상관없이 이미 그 전(1675년 무렵)부터 독자적으로 미적분학을 연구했으며 뉴턴과 자신의 방법은 같지 않다고 항변했다. 라이프니츠 지지자들도 논문을 먼저 발표한 라이프니츠가 진정한 미적분 발견자라고 주장했고, 격노한 뉴턴은 '라이프니츠가 내 것을 도둑질했다'며 수십 년간 치열한 표절 공방을 벌였다. 표절자로 몰린 라이프니츠가 영국왕립학회에 공정한 판결을 내려 달라고 청원하기도 했으나, 왕립학회는 학회장인 뉴턴의 편을 들어 '뉴턴이 먼저 발견해 연구하고, 논문 발표는 라이프니츠가 최초로 했다'는 식으로 결론 내고 말았다. 결국 미적분은 뉴턴이 먼저 발견한 것이 돼 버렸다. 2인자로 전락한 라이프니츠는 패배감에 건강을 잃고 하노버에서 불우한 말년을 보내다 1716년에 세상을 떠났다. 그는 하노버의 한 작은 교회에 초라하게 묻혔다. 당대 최고의 학자로서 런던의 웨스트민스터사원에 묻힌 뉴턴과는 비교가 되지 않는다.

평생 독신이던 두 사람의 삶이 참으로 대조적이다. 뉴턴은 가난한 농부의 유복자로 태어나 불행한 어린 시절을 보내다 늦게야 학교에 들어갔지만, 영국왕립학회 회장이 되고 귀족 작위를 받았으며 웨스트민스턴사원의 한가운데에 묻혔다. 반면에 라이프니츠는 철학 교수의 아들로 태어나 아버지의 서재에서 자라며 신동이라는 말을 듣고 10대에 박사 학위를 받았으나, 생을 마칠 때는 아무런 영예도 얻지 못했고 그의 무덤은 찾을 수도 없다.

미적분 발견자의 영예는 살아서도 죽어서도 뉴턴이 다 누렸다. 그러나 오랜 세월이 흐르는 동안 살아남아 오늘날 쓰이는 것은 라이프니츠의 미적분이다. 뉴턴의 유율법보다 라이프니츠의 미적분이 더 편리하고 활용성이 뛰어나기 때문이다. 우리가 배우는 미적분의 많은 법칙들도 라이프니츠가 발견했으며 함수의 용어와 기호 $f(x)$도 그가 처음으로 만들었다. 한마디로 현대의 미적분은 라이프니츠의 미적분을 기초로 한다.

오늘날에는 미적분을 라이프니츠와 뉴턴이 동시에 발견한 것으로 본다. 다른 장소에서 동시에 위대한 발견을 했다는 것은 놀라운 일이다. 이를 통해 미적분 발견의 이론적 바탕이 17세기의 빛나는 수학적 성과들

블레이크의 〈뉴턴〉(1795). 뉴턴이 자연의 법칙을 푸는 신성한 기하학자로 묘사되었다.

블레이크의 그림을 기초로 1995년에 조각가 파올로치가 제작한 청동상이 대영박물관 신관에 전시되어 있다.

덕에 마련되었음을 짐작할 수 있다. 데카르트와 파스칼, 페르마, 렌에게서도 그 조짐을 볼 수 있었다. 동시대 많은 수학자의 성과가 쌓이고 준비되다가 뉴턴과 라이프니츠라는 천재를 통해 마침내 17세기 수학의 최고 업적으로 탄생한 것이다. 뉴턴이 이렇게 말했다.

> 나는 바닷가에서 노는 소년이다. 진리의 거대한 바다가 아무것도 발견되지 않은 채 내 앞에 펼쳐져 있고, 나는 가끔씩 보통 것보다 더 매끈한 조약돌이나 예쁜 조개를 찾고 즐거워하는 어린애에 지나지 않았다.
> 내가 다른 사람들보다 더 멀리 보았다면 그것은 단지 거인들의 어깨 위에서 있었기 때문이다.

페르마의 정리가 증명되고 컴퓨터가 발명되다

케임브리지에는 수학의 발전을 이끄는 '아이작 뉴턴 수리과학연구소'가 있다. 특히 이 연구소는 '페르마의 마지막 정리' 증명을 발표한 장소로 유명하다. 1993년 6월 23일 이 연구소 1층 강당에서 와일즈가 페르마의 정리에 대한 풀이를 발표했다. 그가 강연을 맺으며 "이것으로 페르마의 정리는 증명되었다." 하고 선언하자 청중의 흥분과 감탄이 터져 나왔다. 페르마가 남긴 문제가 350여 년 만에 풀린 것이다. 수학 역사상 최대 난제를 풀었다는 소식은 전 세계로 퍼져 나갔고 신문마다 1면에 유례없이 '페르마의 정리'라는 수학 문제가 등장했다. 케임브리지의 뉴턴연구소는 페르마의 정리를 풀이한 명소가 되었고 각종 기념품이 만들어졌다.

케임브리지에서 태어난 와일즈는 열 살 때 동네 도서관에서 수학책을 읽다가 300년 이상 풀리지 않고 있다는 페르마의 정리를 처음 만났다.

그는 '페르마의 마지막 정리'를 본 순간 운명처럼 느껴졌고 나중에 수학자가 되어 꼭 풀어 보겠다는 결심을 했다고 회고했다. 이 문제가 소년에게는 피타고라스의 정리를 살짝 바꾼 것에 지나지 않을 만큼 간단해 보였던 것이다. 그는 정말 수학 교수가 되어 어릴 적 꿈에 도전했다. 다락방에 틀어박혀 7년을 매달린 결과, 문제의 증명에 도달했다.

그런데 와일즈의 증명은 결함이 지적되었고, 많은 사람이 그도 결국 증명에 성공할 뻔한 수학자라고 생각했다. 하지만 그는 또다시 방에 박혀 증명을 시도했고, 마침내 1995년에 오류를 수정한 올바른 논증에 성공했다. 그가 증명한 방법에는 많은 수학자의 성과와 정수론, 기하학 분야의 첨단 이론이 결합되었다. 그러니 이런 이론들이 나오지 않은 350여 년 전에 페르마가 '정리를 증명했지만 여백이 좁아서 쓰지 못했다'고 한 것이 과연 사실인가를 두고 논란도 일었다. 당시 수학의 발전으로는 증명이 불가능하지 않았겠느냐는 의문이 제기된 것이다.

와일즈는 볼프스켈상을 비롯해 수많은 상을 받고 기사 작위까지 받았으나 필즈상은 끝내 받을 수 없었다. 수학의 노벨상으로 불리는 필즈상은 국제수학연맹에서 4년마다 수여해서 매년 수상자가 나오는 노벨상보다 더 받기 힘들다고 알려져 있다. 와일즈의 증명은 필즈상을 받기에 손색이 없지만 40세 미만 연구자에게 준다는 규정에 걸린 것이다. 그가 증명을 완성했을 때는 40세가 넘었기 때문에 그는 아쉽게도 필즈상 대신 특별상으로 제작한 기념 은판을 받았다.

케임브리지대학 출신 중에는 컴퓨터 기계를 창안한 수학자 튜링Alan M. Turing도 있다. 2012년에 튜링 탄생 100주년 행사가 여기에서 열렸다. 케임브리지의 킹스칼리지에서 수학을 전공한 튜링은 1936년에 현대 컴퓨

1993년 케임브리지의 아이작 뉴턴 수리과학연구소에서 와일즈 교수가 '페르마의 마지막 정리'를 증명하는 강연을 했다. 그가 증명한 내용이 칠판에 쓰여 있다.

터의 원형이 된 추상적 계산 기계를 고안했다. 그는 이 기계가 주어진 알고리즘에 따라 순차적으로 논리 조작을 실행하는 장치로서 어떤 계산도 할 수 있다고 생각했다. 이렇게 만든 튜링 머신을 기초로 디지털컴퓨터 기계가 탄생할 수 있었다.

튜링은 컴퓨터의 아버지로 불리며 컴퓨터 분야의 노벨상으로 불리는 '튜링상'이 제정되었다. 그의 이론은 1940년대부터 출발한 컴퓨터 이론의 기초가 된다. 나도 대학에서 수학을 전공할 때 그가 이룬 알고리즘 방식의 컴퓨터프로그램 이론을 배우고 실행했다. 알고리즘은 문제 해결에 필요한 유한의 단계적 계산 방법이나 조작의 처리 순서로, 알고리즘의 처리 순서를 알기 쉽게 그림으로 나타낸 것이 순서도다. 초기 컴퓨터 프

컴퓨터 기계를 처음 만든 튜링. 그가 만든 암호 해독 기계를 복원한 오른쪽 장치는 컴퓨터 기계의 원형이 되었다.

로그래밍 과정이 이런 알고리즘의 단계를 거쳐 수학적 결과를 얻는다.

2차세계대전 동안 튜링은 영국군 암호해독 사령부에서 일했다. 2차세계대전은 암호 전쟁이었고, 독일 수학자들이 만든 암호 체계인 '에니그마'는 난해하기로 유명했다. 그런데 튜링이 정수론 수학자들로 구성된 팀을 이끌고 이 암호를 푸는 해독기를 만들어 냈다. 이 기계 덕분에 영국군은 독일군의 암호를 빠르고 완벽하게 해독할 수 있어서 전쟁을 승리로 이끌었다. 튜링은 대영제국 훈장을 받을 만큼 전쟁 영웅으로 대접받고 그의 활약이 영화로도 제작되었다. 하지만 이런 성과가 그에게 불행의 씨앗이기도 했다. 그가 영국의 군사기밀을 너무 많이 알고 있었기 때문에 오랫동안 감시 대상이 된 것이다.

전쟁이 끝난 뒤 튜링은 자동 계산 기계인 거대한 디지털컴퓨터를 설계해 제작했다. 초기 컴퓨터의 제작과 프로그램 기술에 대한 튜링의 기여도는 아주 크다. 하지만 그는 감시자가 발각한 동성애 때문에 처벌을 받고 약물치료까지 해야 했다. 결국 1954년에 마흔두 번째 생일을 앞두고 갑자기 자살했다. 죽은 그의 침대 머리맡에는 '한입 베어 먹은 사과'와 청산가리 용액이 있었다. 안타까운 죽음의 현장에 있던 '한입 베어 먹은 사과'는 잡스Steve Jobs가 설립한 회사 '애플'의 상표를 연상시킨다. 그의 죽음은 의혹을 남겼고, 일부 수학자들은 정부의 첩보 조직과 관련이 있다고 주장했다.

튜링의 마지막 연구는 인공지능에 관한 것이다. 그는 '생각하는 컴퓨터'를 제안하면서 기계의 생각도 사람의 생각과 비슷해지게 할 수 있다고 했다. 그는 기계가 인간을 모방하는 '이미테이션 게임'을 통해 기계가 지능을 가졌는지를 판단할 수 있다며 이를 위한 '튜링 테스트'라는 개념도 만들었다. 이 주제에 대한 튜링의 논문은 오늘날 인공지능 연구의 기초로 인정받는다. 최근에는 이미테이션 게임에 관한 책이 많이 나오고 영화도 제작되어 튜링의 연구에 관심이 높아지고 있다. 그가 제안한 '생각하는 컴퓨터'는 이미 인공지능 형태로 실현되고 있다. 미래에는 사람과 소통할 수 있는 인공지능이 등장하거나 우리가 미처 예상하지 못한 결과가 있을 것이라는 추측과 함께 우려도 나온다.

LONDON

4

에든버러 성에 오르다

영국 수학 2

1
계산 혁명을 이끈 네이피어의 로그

스코틀랜드 에든버러 성에 오르다

아쉬움을 뒤로하고 리버풀을 떠났다. 리버풀은 일찍이 산업혁명을 맞아 발전한 도시로 영국에서 맨 처음 철도가 개통되었다. 또 런던 항보다 큰 부두가 있어서 무역이 활발했고, 특히 18세기에 노예무역이 벌어졌다. 부두에서 아프리카 사람들을 물건처럼 사고팔며 대서양 건너 미국에 노예로 수출한 것이다. 이 앨버트 부두에 비틀즈박물관이 있다. 리버풀에 축구 경기장을 보러 오는 사람들만큼이나 비틀즈The Beatles를 만나러 방문하는 사람들도 많다. 1960년대 최고의 인기 그룹 비틀즈의 멤버들은 모두 리버풀 출신이다. 비틀즈가 처음 결성되어 공연을 한 '카번' 클럽이 시내에 아직도 있다. 건물 지하에 자리한 이 클럽의 무대는 연주자들 몇 명이 겨우 설 만큼 작은데, 이 조촐한 무대에서 무명 밴드가 비틀즈의 곡으로 공연하고 있었다.

리버풀 시내에 비틀즈가 처음 공연한 '카번' 클럽이 아직도 있다.

북부로 가는 길에 차창으로 푸른 전원 풍경이 펼쳐졌다. 물기를 잔뜩 머금은 초원에서 양들이 풀을 뜯고 있었는데, 새끼 양들이 뛰노는 모습이 정겨웠다. 목축업이 영국의 대표 산업이라서 런던을 벗어날 때부터 계속 볼 수 있는 풍경이다. 하지만 스코틀랜드가 가까워지면서 침엽수가 있는 산악 지대가 나오고 날씨가 흐려졌다. 브리튼 섬의 북쪽 3분의 1을 차지하는 스코틀랜드는 험준한 산과 계곡, 호수가 많다. 스코틀랜드의 호수들은 신비한 기운을 뿜어내는 곳으로 알려졌고, 괴물이 산다는 전설로 유명한 네스 호가 그중 하나다. 비가 오거나 흐린 날이 많은 스코틀랜드에서는 맑은 날이 오히려 특별한 편이다. 세계를 제패한 로마인들조차 몇 번이나 침략하고도 날씨 탓에 지배에는 실패했다. 따뜻한 햇살을 만끽하며 살던 로마인들은 스코틀랜드의 날씨를 도저히 못 견뎌 지배를 포기하고는 뒤도 돌아보지 않고 떠났다고 한다.

스코틀랜드는 웨일스와 함께 1707년에 영국으로 통합되었다. 연합 법안에 따라 스코틀랜드 의회는 웨스트민스터 의회로 흡수되었고, 법원과 장로교회의 자치권은 보장받았다. 14세기 말에는 잉글랜드의 점령 통치에 저항해 스튜어트 왕조를 세웠다. 이때 스코틀랜드 독립의 영웅인 월리스William Wallace의 이야기를 다룬 영화가 〈브레이브하트Braveheart〉다. 1600년대에 스코틀랜드 왕가 출신인 제임스 1세James I가 엘리자베스 1세에 이어 잉글랜드의 왕위에 오르면서 두 왕국이 연합의 기틀을 마련했는데, 한 국왕 아래 독립된 두 나라로 있다가 18세기에 통합되었다. 최근 다시 스코틀랜드의 독립 요구가 있지만, 2014년에 실시한 국민투표에서 반대가 우세해 독립이 실현되지 않았다.

스코틀랜드의 수도 에든버러에 도착했을 때는 비가 추적추적 내렸다. 먹구름 아래 어두침침한 중세도시가 펼쳐졌고, 하늘에는 60미터 높이의 검은 탑이 우뚝 서 있었다. 에든버러 출신 작가인 스콧Walter Scott을 기리는 탑으로, 런던의 넬슨 탑보다 높이 만들어 잉글랜드에 지기 싫어하는 스코틀랜드의 자존심을 드러냈다. 에든버러의 중앙역인 웨이벌리 역도 이름을 스콧의 소설에서 따왔을 만큼 에든버러는 문학과 출판의 도시다. 250년 역사를 가진 《브리태니커백과사전Encyclopaedia Britanica》이 1768년에 에든버러에서 처음 발행되었고, 명탐정 홈스를 만들어 낸 도일과 〈보물섬Treasure Island〉·〈지킬 박사와 하이드Dr. Jekyll and Mr. Hyde〉로 유명한 스티븐슨Robert Stevenson도 에든버러 출신이다.

에든버러는 스코틀랜드 동부 해안 가까이 척박한 바위산 계곡에 있다. 도시 양쪽에 솟은 바위 언덕 두 개가 마주 보며 그중 한쪽 언덕에 7세기부터 세워진 에든버러 성이 우뚝 서 있다. 성벽 아래에 마을이 생기고 중세도시가 형성되었다. 성의 건너편 바위 언덕에는 그리스 신전을 닮은 천문대 건물이 세워져 스코틀랜드의 아크로폴리스로 불린다. 이곳은 에든버러 최고의 전망대로 아름다운 풍경이 펼쳐지는데, 18세기의 경험론 철학자 흄David Hume이 매일 올라 산책한 길이 그대로 남아 있다.

비바람이 거세져서 시내 구경이나 사진 찍기는커녕 바깥출입을 포기할 수밖에 없었다. 여장을 푼 호텔에서 연어 요리와 '해기스'라는 스코틀랜드 전통 음식을 먹었다. 해기스는 우리의 순대 속과 비슷한 것으로 맛이 좋다. 이곳은 어획량이 많아 연어와 대구 같은 생선 요리가 뛰어난 반면에 일조량이 적어서 과일은 종류와 크기가 런던에서보다 현저히 줄었다.

다음 날 아침에도 비가 그치지 않았지만 에든버러 성을 보기 위해 우산을 쓰고 나섰다. 성에 오르자 도시가 아득히 내려다보였다. 절벽 위 성채에서 굽어보니 벼랑에 선 것처럼 아찔했다. 날씨가 화창해 멀리 북해까지 보여도 좋았겠지만, 안개와 구름에 싸인 전경은 마치 신화 속 장면처럼 신비로웠다. 부슬부슬 내리는 비를 맞으며 서 있는 우중충한 성은 동화에 나오는 마법의 성 같았다. 과연 '해리 포터'가 탄생할 만한 장소다. 해리 포터 시리즈를 만든 작가가 실제로 에든버러 성이 작품의 모티프가 되었다고 말한다. 에든버러의 어두운 배경과 중세 성의 분위기를 이 작품의 영화에서도 느낄 수 있다.

성문 앞에는 파란 스코틀랜드 깃발이 영국 국기 유니언잭과 함께 펄럭였다. 유니언잭은 잉글랜드, 스코틀랜드, 아일랜드를 상징하는 십자

에든버러 성에서 내려다본 에든버러는 신비한 기운이 감돈다. 안개 속의 중세도시 한가운데 60미터 높이의 검은 스콧 탑이 우뚝 서 있다.

가들의 조합으로 만들었다. 월리스의 석상이 있는 을씨년스러운 성문을 지나 성으로 들어가니 검은 망토를 입고 분장한 마법사가 서성거리고, 어디선가 백파이프 소리가 낮게 울려 으스스한 중세 분위기를 자아냈다. 빗속에서 보는 옛 궁전의 모습도 음침했는데, 이곳에서 메리 여왕Mary Stuat이 제임스 1세를 낳았다. 궁전 박물관에서는 화려한 스코틀랜드 왕관·왕홀, 무기 등과 함께 중세의 무시무시한 지하 감옥도 볼 수 있었다.

중세의 성채인 에든버러 성. 성 안의 궁전은 스코틀랜드 왕관과 무기 등이 전시된 박물관이다.

로열 마일을 거닐며 에든버러의 인물들을 만나다

에든버러 성을 다 구경할 무렵 비가 그쳤다. 경쾌한 발걸음으로 성문을 나와 광장을 지났다. 성 앞 광장은 중세에 사람들이 많이 죽은 화형장이었는데, 지금은 세계적으로 유명한 에든버러 축제가 열리는 곳이다. 성을 내려오니 '로열 마일'이라는 도로가 이어지고 아름다운 고풍의 시가지가 펼쳐졌다. '로열 마일'은 에든버러 성과 홀리루드하우스, 두 궁전을 잇는 1마일(약 1.6킬로미터) 길이의 대로다. 오래된 돌이 깔린 이 거리를 옛날에는 왕족이나 귀족만 다닐 수 있었지만, 지금은 해마다 연극·영화·음악·무용 등 갖가지 공연과 축제가 열려 인산인해를 이룬다. 로열

로열 마일에서 해마다 연극, 음악, 무용 제전인 에든버러 축제가 벌어진다.

마일을 걸으며 구경했다. 8세기부터 수백 년 동안 지었다는 세인트자일스대성당의 웅장한 모습부터 옛 스코틀랜드 법원과 의사당, 종교개혁가 녹스John Knox의 집도 보였다. 거리 주변에 스코틀랜드 전통 의상 킬트와 캐시미어를 파는 상점들이 늘어서 있고, 골프의 발상지답게 골프용품점도 많았다. 스카치위스키 박물관도 가까웠다. 그리고 로열 마일이 끝나는 지점에서 홀리루드하우스 궁전이 보였다. 500년 전에 지어진 이 궁전은 현재도 영국 여왕이 스코틀랜드를 방문할 때 머무는 곳이다.

에든버러는 위대한 학자들을 배출했고, 시내 곳곳에 그들의 동상을 세웠다. 로열 마일을 걷는 동안 에든버러를 대표하는 인물로 존경받는

흄과 경제학자 스미스Adam Smith의 동상과 마주친다. 《국부론The Wealth of Nations》을 쓰고 '보이지 않는 손'이라는 명제를 만든 스미스는 에든버러에서 학문 활동을 하며 말년을 보내 묘지가 이곳에 있다. 스콧 탑이 보이는 거리에서는 우연히 맥스웰James Clerk Maxwell의 동상을 발견하고 무척 반가웠다. 뉴턴과 아인슈타인Albert Einstein에 견줄 만큼 뛰어난 물리학자 맥스웰은 전자기학을 완성했고, 그의 전기와 자기에 관한 방정식은 '세계에서 가장 중요한 10대 수학 공식'으로 꼽힌다. 맥스웰이 열네 살 때 수학 논문을 출판하며 천재적인 능력을 발휘했는데, 이 첫 논문에서 핀과 실을 이용해 타원의 일반적인 성질을 기술해 냈다. 그가 서술한 이 방법은 오늘날 타원의 기초적 성질을 알아볼 때 흔히 쓰인다. '진화론'을 발표한 다윈도 케임브리지로 가기 전에 에든버러대학에서 의학을 공부했다. 16세기에 세워진 에든버러대학은 스코틀랜드 최고의 명문으로 뛰어난 인재들을 배출해 왔다. '매클로린급수'로 유명한 천재 수학자 매클로린Colin Maclaurin은 이 대학의 수학 교수였는데, 열한 살에 글래스고대학에 입학하고 10대에 수학 교수가 됐으며 파리 과학아카데미의 상을 오일러와 함께 받았다. 그가 미적분학과 중력에 대한 뉴턴의 연구를 발전시키는 과정에서 무한급수 형태의 매클로린급수를 제시한 것이다.

로열 마일을 걷고 나니 차 한 잔이 절실했다. 기온은 낮지 않은데 으스스한 게 뼛속까지 시렸다. 엄동설한의 살을 에는 추위와는 다른 스코틀랜드 특유의 날씨다. 에든버러 거리마다 캐시미어 스웨터와 머플러를 파는 가게가 늘어선 이유를 알 것 같다. 트렌치코트가 런던을 상징한다면 스코틀랜드는 역시 타탄체크와 아가일 체크의 캐시미어 상품이 대표한다. 캐시미어는 원래 인도 카슈미르 지역의 옷감으로 19세기 스코틀랜

로열 마일에 있는 스미스의 동상. 《국부론》으로 유명한 그가 에든버러에서 학문 활동을 펼쳤다.

에든버러 시내에 있는 맥스웰의 동상. 그가 만든 전기와 자기에 관한 방정식은 '세계에서 가장 중요한 10대 수학 공식'에 선정되었다.

에든버러 시내에는 해리 포터 시리즈가 탄생한 카페도 있다.

드에서 큰 인기를 얻으며 전 세계로 퍼져 나갔다. 캐시미어는 역시 인도보다는 스코틀랜드의 날씨에 제격이다. '애프터눈 티'를 즐기기 위해 특별한 카페로 갔다. 홍차 애호가인 영국 사람들은 오후에 쿠키와 스콘 같은 간식과 차를 마시는 '애프터눈 티타임'을 즐긴다. 교회나 수도원 식당에서도 낮에 샌드위치·쿠키와 차를 곁들여 팔기도 하는데, 그곳에서 간식이 아닌 점심 식사로 몇 번 이용해 보았다. 에든버러 시내에 《해리 포터》 작가가 아이를 데리고 앉아서 글을 썼다는 찻집이 있다니 가 보고 싶었다. 카페 앞에는 '해리 포터가 탄생한 곳'이라는 글이 붙어 있었다. 찻값이 싼 데다 작가가 글을 썼다는 창가의 자리도 마침 비어서 아늑한 시간을 보냈다.

천문학자의 수명을 늘린 네이피어의 로그 발명

에든버러에는 네이피어대학도 있는데 이 대학 교정에 로그를 발명한 네이피어John Napier가 살던 집의 일부가 남았다. 이곳에서 그가 성주로서 자신의 영지를 돌보며 수학을 연구했다. 그의 동상을 보니 곱셈표를 새긴 '네이피어 막대'를 손에 들고 있다. 스코틀랜드에서 가장 오래된 명문인 세인트앤드루스대학에서 신학을 공부한 네이피어는 치열한 종교 분쟁에 열성적으로 참여했고, 뛰어난 재능과 풍부한 상상력으로 기발하고 독창적인 것들을 발명해 냈다. 새로운 농사법을 개발해 생산력을 높이고 미래의 무기에 관한 책도 썼다. 그는 사방 4마일(약 6.4km) 안에 있는 생물을 모두 없애는 포탄, 모든 방향으로 움직이며 총알을 발사하는 전차, 물속을 항해하는 기구가 발명될 것이라고 예측하고 설계도까지 그렸다. 그가 말한 무기들은 300년 후 1차세계대전에서 대포, 기관총, 탱크, 잠수함 등으로 실현되었다.

네이피어는 여가를 대부분 수학 연구에 바쳤다. 구면삼각법을 푸는 공식, 네이피어 법칙 등을 만든 그는 무엇보다 편리한 계산법을 찾는 데 몰두했다. 당시는 천문학과 항해학이 발달하고 상공업과 무역이 활발한 가운데 전쟁도 자주 일어났기 때문에, 다양한 분야에서 빠르고 정확한 계산법이 절실했다. 새로운 숫자 체계와 수학 기호와 소수가 탄생하고 계산기도 발명되었지만, 계산 단위가 점점 크고 복잡해지는 것이 문제였다. 특히 기존 계산법으로는 도저히 감당할 수 없는 천문학 분야에서는 새로운 계산법의 발명을 목마르게 기다렸다. 네이피어는 단위가 큰 수를 편리하게 계산할 방법을 고민했고, 마침내 획기적인 계산법을 발견해 위대한 수학적 업적인 로그를 만들어 냈다. 그는 로그를 1594년 무렵부터

로그를 발명한 네이피어와 그가 살던 머치스톤 성의 일부.

20년 동안 연구한 끝에 〈놀라운 로그 체계의 성질Mirifici logarithmorum canonis descriptio〉이라는 논문을 발표했다. 네이피어의 로그 원리는 소책자로도 만들어 로그값을 계산한 표를 넣고 로그표 사용법도 소개했다. 로그의 본딧말인 '로가리듬logarithm'은 논리, 체계를 뜻하는 '로고스logos'와 수를 뜻하는 '아리스모스arithmos'를 합친 말로 새로운 '계산 체계'를 의미한다. a를 밑으로 하는 x의 로그를 '$\log_a x$'라고 한다.

네이피어의 새 계산법, 로그의 핵심은 '곱셈과 나눗셈'을 '덧셈과 뺄셈'으로 바꿔 계산하는 것이다. 그래서 계산이 아주 단순해진다. 이것은 로그가 지수의 법칙과 관련이 있기 때문에 가능하다. 거듭제곱인 지수의 계산에서 밑이 같은 지수끼리의 곱은 더하고 나누기는 뺀다. 또 제곱근이나 세제곱근도 2분의 1, 3분의 1로 처리해서 근과 곱, 지수 등의 복잡한 계산을 쉽게 할 수 있다. 그 값은 간단한 로그표로 쉽게 알아낸다. 예를 들어 256×512를 계산할 때, $256\times512=2^8\times2^9$이고 지수인 8과 9를 더하면 17이다. 이것은 밑이 2인 로그로 처리할 때의 값으로 2^{17}을 의미하고 131072에 해당한다. 이렇게 131072라는 수도 간단히 17로 처리해 버리는 것이다. 이것이 바로 네이피어의 논문 제목처럼 '놀라운 로그의 성질'이다. 로그의 성질을 수식으로 나타내면 아래와 같다.

$$\log AB=\log A+\log B \qquad \log\frac{A}{B}=\log A-\log B \qquad \log_a a=1$$
$$\log A^2=2\log A \qquad \log\sqrt{A}=\frac{1}{2}\log A \qquad \log A^{\frac{1}{3}}=\frac{1}{3}\log A$$

앞에서 예로 든 '256×512'도 밑이 2인 로그를 써서 계산해 보자.

$$\log_2(256\times512)=\log_2(2^8\times2^9)=\log_2 2^8+\log_2 2^9=8\log_2 2+9\log_2 2=8+9=17$$

네이피어의 로그는 세상에 나오자마자 수학계의 큰 관심을 불러일으켰다. 런던에 있던 브리그스는 곧장 에든버러로 달려가 위대한 로그 발명자를 만났다. 당시 브리그스는 수학에서 최고의 권위자였다. 두 사람이 로그에 대한 의견을 나누는 중에 브리그스가 로그의 밑이 10이면 더 실용적일 것이라고 제안했다. 그래서 10의 거듭제곱으로 된 '상용로그'가 탄생했다. 이것은 기본 수체계인 10진수를 이용했기 때문에 활용 가능성이 아주 크다. 조와 경같이 큰 단위도 각각 10의 12제곱과 16제곱이기 때문에 상용로그에 따라 12와 16으로 간단하게 만들어 계산할 수 있다. 상용로그에서는 1의 로그값을 0, 10의 로그값을 1로 정했다. 즉

MIRIFICI
Logarithmorum
Canonis deſcriptio,
Ejuſque uſus, in utraque
Trigonometria; ut etiam in
omni Logiſtica Mathematica,
Ampliſſimi, Faciliimi, &
expeditiſſimi explicatio.
Authore ac Inventore,
IOANNE NEPERO,
Barone Merchiſtonii,
&c. Scoto.
EDINBURGI,
Ex officinâ ANDREÆ HART
Bibliopolæ, CIↃ. DC. XIV.

1614년에 출판된 〈놀라운 로그 체계의 성질〉.

$\log_{10}1=0$, $\log_{10}10=1$이다. 브리그스가 열네 자릿수까지 만든 상용로그표는 300년 동안 쓰였다.

네이피어의 로그는 모든 과학자의 찬사를 받으며 전 세계에 퍼져 나갔는데, 특히 천문학자들이 열광적으로 채택했다. 케플러와 갈릴레오도 로그표를 천문학의 계산에 이용했다. 그간 천문학자들은 너무 큰 단위의 계산에 시달렸고 장황한 계산을 하느라 밤을 새울 때가 많았다. 이런 계산에서는 사소한 실수라도 있으면 엉뚱한 결과가 나와 많은 시간과 노력이 모두 허사가 되고 만다. 로그 덕분에 천문학자들이 계산하는 수고를 덜고 그들의 과로도 줄었다. 라플라스는 "로그 때문에 천문학자들의 수명이 연장되었다."라고까지 말했고, 갈릴레오는 "공간과 시간과 함께 로그를 주면, 또 다른 우주를 만들어 보이겠다."라고 호언했다.

로그가 천문학적인 수, 즉 단위가 큰 수일수록 엄청난 힘을 발휘한다는 사실을 2^{100}을 예로 들어 알아보자.

$$\log 2^{100} = 100 \times \log 2 = 100 \times 0.3010 = 30.1 \ (\log 2 = 0.3010)$$

로그의 값은 지수를 의미하고 10을 밑으로 한 상용로그의 값은 자릿수를 나타낸다. 2^{100}은 정수이므로 서른한 자리의 수라는 것을 알 수 있다. 이런 수를 로그 없이 계산한다면 얼마나 많은 시간이 걸릴지 알 수 없고 계산의 정확성도 장담할 수 없다. 그런데 로그를 쓰면 이렇게 천문학적인 수도 쉽게 처리할 수 있는 것이다. 단순하고 편리한 로그 체계는 계산의 혁명을 일으켰다. 한편 로그 체계는 함수에 활용되면서 로그함수로 발전했다. 로그함수와 지수함수가 다음과 같이 역함수 관계에 있다.

$$x = a^y \leftrightarrow y = \log_a x \ (a>0,\ a\neq 1,\ x>0)$$

현대에 로그는 예금의 이자율 같은 복잡한 계산에 많이 쓰이고 있다. 또 지진이나 소음의 강도와 산성비의 농도를 알아볼 때 로그를 이용하면 복잡한 수치도 아주 간편해진다. 지진 척도 단위인 '리히터', 소리의 세기를 측정하는 단위 '데시벨', 산성도를 측정하는 수소이온지수pH 단위는 모두 상용로그를 이용한 값으로 수치가 표시된다. 예컨대 리히터는 척도가 1단계 올라가면 지진 강도가 10배 증가하는 것으로 상용로그에 비례하는 값이다.

네이피어의 로그는 1971년에 인류 역사를 바꾼 '세계에서 가장 중요한

'세계에서 가장 중요한 10대 수학 공식'으로 뽑힌 네이피어의 로그를 기념하는 우표.

10대 수학 공식'에 선정되었고 기념우표도 발행되었다. 함께 선정된 다른 공식들은 기본 연산 법칙 '1+1=2', 피타고라스의 정리, 아르키메데스의 지레의 법칙, 뉴턴의 만유인력 법칙, 아인슈타인의 질량과 에너지의 관계식, 맥스웰의 전기와 자기 방정식, 볼츠만의 기체 방정식, 치올콥스키Konstantin Tsiolkovsky의 로켓 방정식, 드브로이Louis de Broglie의 물질파 방정식 등이다.

네이피어 막대와 우리의 계산 막대

영국의 수학자 건터Edmund Gunter와 오트레드는 로그 눈금을 표시한 계산자를 발명했다. 로그자는 항해에 꼭 사용되었고 오랫동안 엔지니어들의 필수품이었다. 1700년대에는 로그자를 비롯한 각종 자와 각도기, 기하학 사분의, 네이피어 막대를 갖춘 수학용품 세트가 많이 제작되어 지성과 부를 과시하는 상품이 되기도 했다.

네이피어가 발명한 계산 막대인 '네이피어 막대'는 막대에 곱셈표를 표시해 길고 복잡한 곱셈을 단순한 덧셈이 되도록 한 것이다. 그는 1617년에 펴낸 《막대 계산술Rabdologiae》에서 이 계산법을 소개했다. 열 가지 숫자에 대해 각각의 배수, 즉 곱셈표를 적은 긴 막대를 만들어 곱셈에 이용한다. 네이피어는 이 책에서 곱셈법의 예로, '1615×365'를 계산하는 방법을 설명했다. 다음 그림과 같이 1, 6, 1, 5에 대한 막대를 나란히 붙여 놓으면 3, 6, 5와 각각 곱한 결과를 바로 알 수 있다. 즉 대각선에 있는 두 숫자를 간단히 더해 4845, 9690, 8075를 쉽게 구하고 자릿수를 맞춰 더하면 곱셈의 답이 된다.

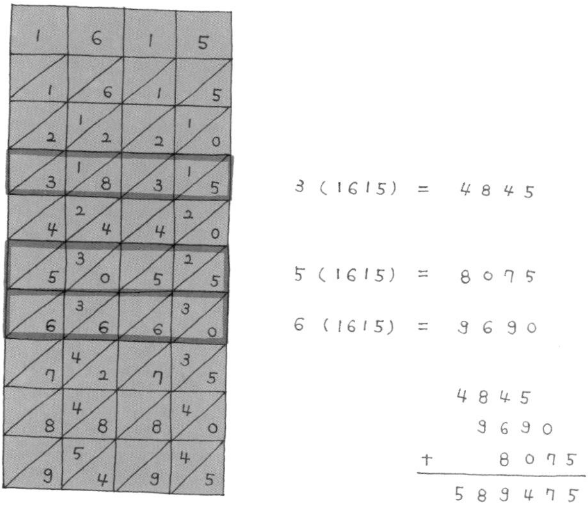

우리나라에도 네이피어 막대와 유사한 계산 도구가 있었다. '주산'으로 불리는 이 계산 막대는 2~9단의 곱셈표가 적힌 막대 여덟 개로 구성되어 있다. 872×49를 계산할 경우 8단, 7단, 2단의 막대를 꺼내 나란히 붙이고, 네 번째와 아홉 번째 행의 수들만 따로 떼어서 네이피어 막

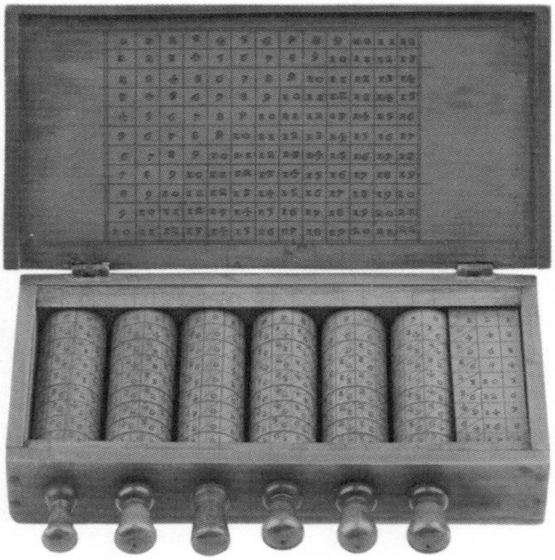

네이피어 막대는 처음에 단순한 사각기둥 막대였다가 나중에는 이렇게 틀 안에 넣어 돌릴 수 있도록 만들어졌다. 길고 복잡한 곱셈을 단순한 덧셈의 반복으로 전환하도록 만들어진 이 장치는 파스칼의 기계식 계산기가 나온 1642년보다 앞서 고안되었다.

대처럼 대각선을 그은 칸을 맞춰 계산하면 된다. 그림과 같이 해당하는 숫자를 옮겨 적고 계산하면 네이피어 막대보다 더 편리하다. 오른쪽 끝에서부터 자릿수를 매긴 뒤 각 자리의 숫자를 더하면 되는 것이다. 일의 자리는 8, 십의 자리는 12(8+1+3), 백의 자리는 16(0+8+6+2), 천의 자리는 11(2+2+7), 만의 자리는 3이므로 자릿수를 맞춰 계산한 답은 42728이다.

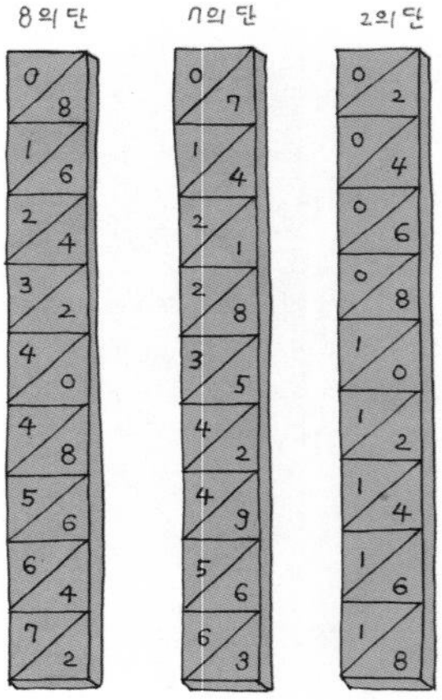

872×49=42728

구구단을 외운다면 계산 막대를 꺼낼 필요도 없이 바로 계산할 수 있다. 다음 그림처럼 표를 만들어 각 자리의 숫자들을 더하면 되는 것이다.

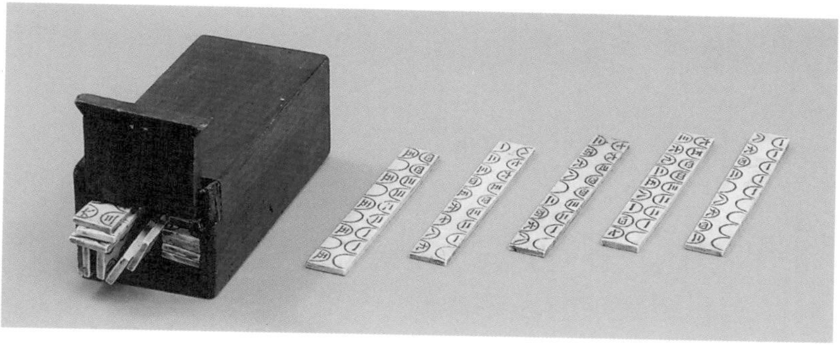

조선 시대에 사용된 계산 막대 '주산'의 길이는 15센티미터 정도 된다. 왼쪽부터 5단, 9단, 8단 등이 적힌 막대가 놓여 있다.

우리 조상들은 계산 막대로 복잡한 곱셈을 쉽게 계산했다. 이 계산 막대는 현재 국립민속박물관에 전시되어 있다.

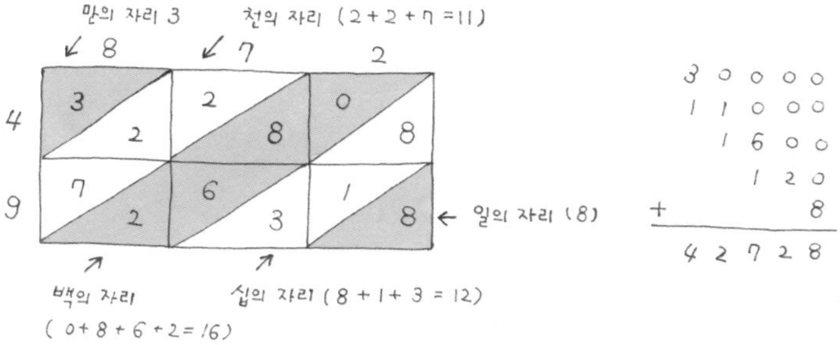

2
본초자오선과 세계 시간의 통일

웨스트민스터에 빅벤의 종이 울리고

에든버러를 떠나 글래스고로 향했다. 런던으로 돌아가기 전에 글래스고를 잠시 둘러보려고 했는데 너무 늦게 도착하는 바람에 뜻대로 안 됐다. 런던행 기차 시간을 맞추느라 글래스고 구경을 제대로 못한 것이다. 다시 볼 기약이 없는 이 도시는 내게 '대열차 강도' 사건만 떠오르는 곳이 돼 버렸다. 1960년대 글래스고에서 금괴와 현금을 싣고 런던으로 향하던 열차를 강도들이 탈취하는 사건이 벌어져 세상이 떠들썩했고, 이 사건은 영화로도 만들어졌다.

내가 탄 글래스고발 특급열차는 다섯 시간을 달려서 런던의 킹스크로스 역에 도착했다. 킹스크로스 역은 해리 포터 영화에 나오는 '호그와트행 9와 4분의 3' 승강장을 촬영한 장소로 유명하다. 호그와트 마법 학교로 가는 열차가 다닐 것만 같은 승강장을 벗어나 거리로 나섰다. 번화가

우아한 빅토리아 양식 건물이 보이는 피카딜리 서커스.

인 소호 지역을 지나 피카딜리 서커스에 다다랐다. 런던의 대표적 환형 교차로인 이곳은 우아한 빅토리아 양식 건물이 서 있고 교통이 몹시 복잡했다. 사람들로 북적이는 주변 거리에 극장들이 몰려 있어서 먹을거리와 볼거리가 넘쳐 났다. 활기찬 거리를 구경하면서 트라팔가 광장까지 걸었다.

웨스트민스터에 자리한 트라팔가 광장은 1805년에 스페인 트라팔가르 앞바다에서 벌어진 해전을 넬슨이 승리로 이끈 것을 기념해 만들어졌다. 드넓은 광장에 56미터 높이 기둥이 우뚝 솟아 있고, 그 꼭대기에 한쪽 눈과 팔을 잃은 넬슨의 동상이 있다. 기둥을 둘러싼 네 모서리에는 거대한 사자상이 버티고 있어 제국의 위용을 드러냈다. 막강한 해군력으

나폴레옹과 겨룬 해전에서 승리한 것을 기념해 조성된 트라팔가 광장. 주위에 내셔널갤러리, 국립초상화미술관, 첨탑이 아름다운 세인트마틴 교회가 들어서 있다.

로 나폴레옹의 위세를 꺾고 전 세계에 식민지를 건설하며 영국의 문화와 언어를 퍼뜨리던 대영제국 시대를 이 광장이 상징하는 것이다. 광장에는 내셔널갤러리가 있어서 분수대 주변에 사람들이 무척 많았다. 광장을 나와 바쁘게 걷다가 가까운 곳에서 명탐정 홈스의 무대가 된 건물을 만났다. 홈스의 서재를 재현해 놓아 인기 있는 펍에 잠시 머물고 싶었지만 아쉽게 발길을 돌렸다.

버킹엄 궁전의 근위병 교대식 시간에 맞추려면 서둘러야 했다. 금빛이 나는 빅토리아 기념비 뒤로 여왕이 사는 흰색 궁전이 보였고, 궁전 앞 도로는 통제하고 있었다. 버킹엄 공작John Sheffield의 저택을 개조한 이 궁전에 빅토리아 여왕Queen Victoria 때부터 지금까지 국왕이 산다. 세인트제임스 공원 쪽 병영에서 출발한 근위병들이 버킹엄 궁전 앞으로 행진했다. 인파가 몰린 궁전 앞을 피해 공원 쪽에 눈치껏 자리를 잡은 덕에 근위병 행진을 가까이서 보았다. 검은 털모자와 붉은 제복 차림으로 군악대에 맞춰 행진하는 근위병들이 장난감 병정처럼 보였다. 짧은 교대식이 끝나자 사람들이 순식간에 흩어지고 자동차도 다시 지나다녔다.

세인트제임스 공원을 산책하고 웨스트민스터 거리를 걸었다. 템스 강 쪽 하늘에 떠 있는 런던아이와 국회의사당 탑이 보였다. 근처에 수상 관저와 정부 기관들이 자리하고 있는데, 홈스 시리즈에 등장하는 런던경찰국 '스코틀랜드 야드'도 이곳에 있다. 원래 스코틀랜드 왕이 런던을 방문할 때 호위대가 있던 곳을 '스코틀랜드 야드'라고 했는데, 거기에서 런던 경찰국 본부가 출발했다고 한다. 거리를 걷는 동안 우체통이 빨갛지 않고 금색인 것을 볼 수 있었다. 2012년에 현 여왕의 즉위 60주년을 기려 만든 우체통이다.

템스 강가에는 오래전부터 색슨족의 공동체가 있었는데, 그 서쪽 지역에 예배당과 수도원이 세워져 웨스트민스터로 불렸다. 웨스트민스터 대수도원은 기하학적인 구조가 돋보이는 고딕 양식의 건축물이다. 국왕의 대관식을 치르는 곳이자 뉴턴과 셰익스피어를 비롯한 영국 위인들의 묘와 기념비가 있다. 옛 궁전 웨스트민스터를 현재 의회 건물로 쓰는데, 그 면적이 1만 평이나 된다. 남쪽에 상원, 북쪽에 하원 의사당이 자리하며 의사당 양쪽에 놓인 다리가 각각 상원, 하원을 상징하는 붉은색과 푸른색으로 칠해졌다. 웨스트민스터 다리 건너편에는 국교회의 수장인 캔터베리 대주교가 머무는 램버스 궁이 있고, 그 옆으로 세인트토머스 병원

웨스트민스터 궁전의 국회의사당. 양쪽에 탑이 하나씩 세워져 있으며 하원 쪽에 있는 것이 빅벤이다.

과 나이팅게일 간호학교가 있다. 의사당 건물 양쪽에 우뚝한 탑은 116미터 높이의 빅토리아 탑과 빅벤으로 불리는 시계탑이다. 1859년에 건설된 하원 쪽 빅벤은 13톤짜리 종을 울려 시간을 알린다. 현재의 세계 표준시 체계는 영국의 그리니치를 통과하는 자오선을 기준으로 한다. 빅벤 탑은 여왕 즉위 60주년에 '엘리자베스 타워'라는 공식 명칭이 생겼다.

그리니치 천문대, 본초자오선을 긋다

템스 강을 다니는 수상버스가 그리니치까지 운행되고 있었다. 런던 동쪽으로 템스 강 연안에 자리한 그리니치는 옛 궁전과 고층 빌딩이 어울려 뉴타운을 형성한다. 17세기에 무역으로 번영을 누리고 중국과 차 무역을 했으며 튜더왕조의 궁전이 있었다. 헨리 8세가 태어나고 여러 차례의 결혼식을 올린 곳이 바로 이곳이다. 그는 교황과 대립하고 독립된 영국국교회를 세운 인물이다. 이 궁전에 옛 왕립 천문대 자리가 남아 있다. 1950년대 런던 시에서 대기오염 문제가 심각해지자 관측상 문제가 제기되어, 지금은 천문대가 그리니치에서 80킬로미터 떨어진 교외에 있다.

그리니치 왕립 천문대는 1675년에 찰스 2세Charles II의 명으로 렌이 설계해서 지었다. 초기 천문대장은 플램스티드John Flamsteed였고, 그 후임은 핼리다. 17세기에 영국을 비롯한 유럽은 지리상의 발견과 대항해 시대를 맞아 항해술의 발전이 절실했다. 따라서 천문학과 이를 뒷받침하는 수학도 필요했다. 프랑스의 파리와 영국의 그리니치 등지에 천문대가 세워지고 광학망원경이 발명되었다. 또 로그가 발명되어 천문학적인 계산을 처리해 주었다. 그리니치 천문대는 천체의 정밀한 관측과 항해력을 만드는데 크게 공헌한 결과 세계 자오선의 기준이 될 수 있었다.

1884년 미국 워싱턴 시에서 열린 국제회의는 그리니치 천문대를 지나는 자오선을 본초자오선으로 결정했다. 본초자오선은 경도 0도를 나타내는 기준이 되며 동경과 서경을 가른다. 경도선은 본초자오선에서 시작해 동쪽과 서쪽으로 180도씩 360도에 이르며, 위도선은 적도에서 시작해 남극과 북극까지 90도씩 180도가 된다. 그리니치 천문대가 이전했어도 본초자오선과 경도의 기준점은 원래대로 쓰고 있다.

지구의 자오선을 맨 처음 생각한 사람은 헬레니즘 시대의 수학자 에라토스테네스Eratosthenes다. 그는 알렉산드리아와 시에네를 연결하는 자오

그리니치 천문대의 본초자오선(오른쪽)을 기준으로 동경과 서경이 나뉘고 시간이 정해진다.

선에 기초해 이와 평행한 자오선 다섯 개를 긋고, 알렉산드리아를 지나는 자오선에 수직으로 교차하는 지점에서 지중해부터 인도에 이르는 동서의 선도 그었다. 이것이 각각 최초의 경도와 위도에 해당한다. 그는 알렉산드리아와 시에네를 잇는 자오선을 이용해 지구의 둘레가 약 4만 킬로미터인 것을 처음으로 계산했다. 그 후 2세기 무렵 알렉산드리아에서 활동한 천문학자 프톨레마이오스Claudios Ptolemaeos가 지구가 둥글다는 가정하에 그린 평면지도에 경도와 위도를 표시했다. 그러나 중세에는 지구가 둥글다는 이론을 부정해 이런 지도를 금기시했고, 지리상의 발견과 대항해를 통해 코페르니쿠스Nicolaus Copernicus 체계가 성립된 16세기에야 네덜란드의 메르카토르Gerardus Mercator가 새로운 지도법을 창안했다.

메르카토르는 1569년에 구형의 지구를 수학적인 투영법으로 추론해서 세계지도를 제작했다. 그의 지도법은 구를 원기둥 모양으로 만들고 표면(옆면)을 평면으로 펼치는 것이다. 이렇게 원통도법으로 만든 지도에 수직선인 경선과 수평선인 위선을 그어 경도와 위도를 표시했다. 이것이 현재 우리가 보는 세계 평면지도의 기초가 된다. 이때부터 발간되기 시작한 메르카토르의 지도들은 그가 죽은 후 1595년에 지도책으로 완성되었다. 이 책의 속표지에 지구의를 잡고 있는 그리스 신화의 거인 아틀라스Atlas가 등장해, 이때부터 '아틀라스'는 지도의 대명사가 된다.

우리가 살고 있는 지구를 평면적으로 표현해서 지도를 만드는 것은 매우 어렵다. 지구가 구형이고 표면이 둥근 곡면이기 때문에 지구의 거리와 넓이와 방위를 왜곡 없이 그대로 평면에 전개한다는 것은 불가능한 작업이다. 그래서 지구의 모양에 좀 더 가까운 평면지도를 제작하기 위한 다양한 방법들이 오래전부터 나왔다. 지표를 타원 모양으로 나타내거나 원뿔과 다면체를 투영한 지도법도 있었다.

원통도법은 기본적으로 원통의 옆면과 같은 크기로 평면지도를 만든다. 즉 원통의 옆면은 직사각형이고 그 넓이는 바로 구의 겉넓이와 같다. 지구의 표면인 구의 겉넓이는 반지름이 r일 때 $4\pi r^2$이고, 원통(원기둥)의 옆면의 넓이도 $4\pi r^2$인 것이다. 그래서 원통도법이 3차원인 구의 표면을 2차원 평면에 표현할 수학적 방법으로 가장 마땅한 편이다. 그러나 지구의 모양은 적도 지방이 넓고 극지방으로 갈수록 좁아지기 때문에 평면으로 옮길 때 넓이가 왜곡될 수밖에 없다. 곡면 위의 곡선도 평면 위에 직선으로 표현되면서 모양이 변할 수밖에 없다.

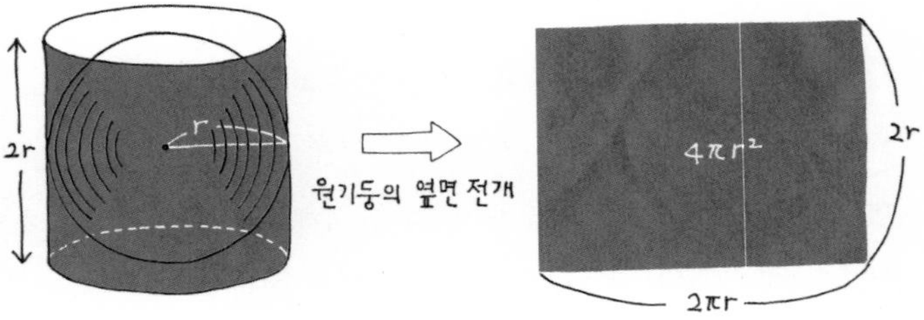

구의 겉넓이=$4\pi r^2$　　　원기둥의 옆넓이=$2\pi r \times 2r = 4\pi r^2$

메르카토르 도법은 좁은 극지방을 보완하기 위해 원통의 높이, 즉 지도에서 위도의 간격을 크게 했기 때문에 축척이 맞지 않아 실제 면적과 달라진다. 이렇게 만든 세계지도에서 적도 부근은 비교적 정확하지만 적도에서 멀리 떨어질수록 육지가 변형되었다. 특히 북반구 그린란드 땅이 남아메리카 대륙보다 훨씬 크게 표현되었는데, 실제 면적은 그것의 4분의 1도 되지 않는다. 그래도 위도와 경도의 정확한 비율과 방위를 알 수 있는 이 도법이 항해도에 널리 쓰였다. 오늘날에는 많은 수학적 방법을 이용하며 목적에 따라 여러 모양의 지도들이 만들어지고 있다.

시간의 통일, 세계시의 탄생

그리니치의 본초자오선은 천문적, 지리적 기준점인 동시에 '세계시' 측정의 기준점이다. 이 자오선을 기준으로 한 그리니치의 태양시가 세계의 표준시로 정해졌다. 북반구에서 위도는 북극성의 고도이며 경도는 이 북극 고도가 자오선을 통과하는 시각, 즉 태양의 남중 시각으로 정한다. 그리니치 천문대에 태양이 남중할 때에 맞춘 시각이 정오고 '세계시'의 기준이 되었다. 20세기 초반까지는 하루의 시작을 정오로 했으나 지금은 자정이다. 경도 0도인 그리니치의 자오선에서 동서 방향으로 각각 15도씩 떨어진 24개의 표준 경도선이 그어지고, 이를 중심으로 24개의 표준 시간대가 표시되어 세계의 시간이 정해졌다.

표준 세계시는 그리니치 자오선에서 서쪽으로 15도씩 떨어질 때마다 한 시간씩 줄어들고 동쪽으로는 한 시간씩 늘어나며 표준시와 매 시간 차이가 생긴다. 그리고 경도 180도에 해당하는 지점인 아시아와 아메리카 사이에 날짜변경선이 존재한다. 한국은 동경 135도인 일본의 경선을 표준시로 삼아서 런던과 아홉 시간(135÷15)의 시차가 있다. 한국이 동쪽에 있어서 아홉 시간 빠른 것이다. 그런데 서울은 동경이 약 127도라서 엄밀히 말하면 시차가 약 8.5시간이다. 서울에서 태양의 남중 시각은 원칙적으로 30분 정도 이른 것이다.

표준시라는 개념은, 각 나라가 자체의 태양시를 쓰는 바람에 혼란을 빚으면서 제기되었다. 산업혁명과 철도의 발달로 대도시들이 활발히 연결되었는데, 유럽과 아메리카 대륙에서 나라와 지방마다 시간이 다른 경우가 생겨서 철도가 통과하는 시간에도 혼란이 발생했다. 1870년대 후반에 캐나다의 철도 계획을 수립하던 스코틀랜드 출신의 공학자 플레밍 Sanford Fleming은 세계의 시간 통일이 절실하다는 생각에 표준시 채택에 대한 계획을 세웠다. 그의 제안에 따라 1884년 미국의 워싱턴 시에서 세계 25개국 대표가 모여 지구의 위도와 경도를 결정하고 표준시의 기준이 될 자오선 0도를 어디로 할 것인가에 대해 논의한 결과 세계의 표준시가 탄생했다.

세계시의 결정에는 국제적 원인들이 작용했다. 적도를 위도의 기점 0도로 하는 것에는 이의가 없었으나 경도의 기준점에 대해서는 달랐다. 아

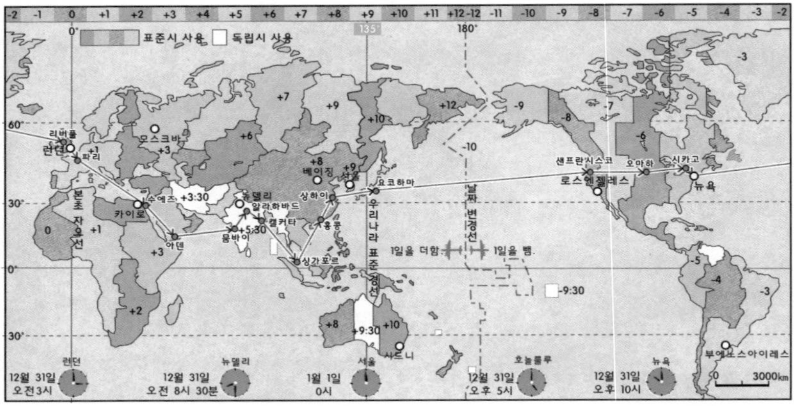

표준시의 기준이 되는 그리니치 본초자오선에서 서쪽으로 15도마다 한 시간씩 줄어들고 동쪽으로는 한 시간씩 늘어난다. 한국은 런던과 아홉 시간의 시차가 있다. 한편 경도 180도 지점인 아시아와 아메리카 사이에 날짜 변경선이 존재한다.

무래도 국력이 센 나라의 움직임이 결정적으로 작용할 수밖에 없었을 것이다. 사실상 시간 통일에 대한 움직임은, 국제도량형연맹이 창설되고 프랑스의 미터법을 기초로 세계의 도량형이 통일된 것에 영향을 받은 면도 있다. 미터법이 파리 천문대의 자오선에 기초해 만들어졌으니, 프랑스에 주도권을 뺏긴 나라들이 표준시의 기초인 본초자오선마저 파리 천문대로 가는 것을 원하지 않았다. 우수한 천문대를 갖춘 영국으로서는 더욱 그랬다. 프랑스는 파리 천문대 대신 카나리아 제도를 후보지로 내놓기도 했다. 유럽에서 아메리카 대륙을 알기 전에 이 섬을 지구의 서쪽 끝으로 생각했기 때문이다. 중세에는 그 서쪽 끝에 있는 폭포가 지옥으로 연결된다고 믿기도 했다. 그런데 대부분의 대표들이 투표에서 그리니치 천문대를 지지했다. 이것은 당시 국가들 사이에 견제가 치열했음을 보여 준다. 실제로 프랑스의 미터법이 국제 도량형으로 결정된 뒤에도 영국과 미국은 여전히 '야드파운드법'을 고수하고 있다.

오늘날 시간의 단위는 더 정밀한 방법으로 정해졌다. 1955년에 국제천문연맹이 별의 자오선 통과를 광학적으로 관측해 세계시의 단위 값에 대한 정밀도를 높였다. 이에 따라 1960년 국제도량형총회는 1초를 태양년의 3155만 6925.9747분의 1이라고 정의하고 이것을 시간의 단위로 재정립했다. 또 1967년 국제단위계는 단위 '초'를 세슘 133 원자의 초미세구조 간 전이에 대한 방사 주기의 91억 9263만 1770배인 초극도로 정밀한 값으로 했다. 이것은 '초' 단위가 천문학적인 정의에서 독립했음을 의미한다.

19세기 후반에 '세계시'의 표준을 그리니치로 정한 것은 당시 영국 과학의 위상을 보여 준다. 18세기부터 유럽에서 일어난 산업혁명은, 영국에서 방적기 증기기관의 개량으로 출발해 과학기술의 발달에 따른 새로운 기계 발명과 생산력 급증으로 대량생산이 가능해지면서 근대 자본주의를 성립시켰다. 19세기에는 근대과학이 눈부시게 발전해 다양한 분야에서 과학의 꽃이 피었다. 영국에서 다윈의 진화론이 탄생했고 돌턴John Dalton의 원자론, 패러데이Michael Faraday와 맥스웰의 전자기학이 발전했으며 제너Edward Jenner의 종두법으로 의학도 전기를 맞았다. 유럽의 다른 나라에서는 아보가드로Amedeo Avogadro의 법칙, 앙페르Andre Marie Ampere 법칙, 멘델Gregor Johann Mendel의 유전학, 파스퇴르Louis Pasteur의 미생물학 연구가 과학의 발전에 기여했다. 이에 발맞춰 수학도 19세기 중반에 미분기하학, 집합론, 추상대수, 위상수학, 수리논리학 분야에서 많은 성과를 남겼다.

3

드모르간의 법칙과 집합론

제국의 보물 창고 대영박물관

런던 중심부의 웅장한 대영박물관은 대영제국을 상징한다. 영국은 16세기 엘리자베스 1세 때부터 빅토리아 여왕 시대까지 300년 동안 최고의 전성기를 누렸다. 세계 곳곳에 식민지를 건설하고 문화재와 예술품을 끌어모아 대영박물관은 세계 최대의 보물 창고라는 말을 듣는다. 그러나 이곳은 강대국의·약소국 문화재 강탈도 보여 준다. 대영박물관은 의사이자 박물학자인 슬론Hans Sloane이 남긴 방대한 수집품과 장서를 전시하기 위해 1753년에 설립되었다. 지금의 박물관 자리인 몬터규 저택에서 슬론의 수집품들로 대영박물관과 대영도서관의 기초를 닦았고, 여기에 이집트·그리스·메소포타미아의 고고학 유물들을 대량 들여다 세계의 문화유산과 예술품을 소장하게 되었다. 신고전주의 양식의 박물관 정면은 고대 그리스 신전의 느낌이 우러난다. 이오니아식 대리석 기둥을 지나

이오니아식 기둥이 돋보이는 대영박물관의 외관(왼쪽)과 내부 모습. 대영제국 최고의 전성기 동안 전 세계의 문화재와 예술품을 끌어 모아 세계 최대의 보물 창고라는 말을 듣는다.

나폴레옹의 이집트 원정에서 발굴했으나 트라팔가 해전을 통해 영국이 차지한 로제타석.

아메스의 파피루스.

박물관에 들어서면 기하학 무늬가 있는 투명한 천장에서 햇빛이 들어와 환하다. 1850년대에 몬터규 저택을 개축하면서 돔과 원형 도서관이 세워졌고, 21세기에 유리 지붕을 씌웠다.

전시실에서 가장 먼저 보이는 것은 유리장 속 로제타석이다. 높이가 1미터 정도 되는 이 현무암은 나폴레옹의 이집트 원정 때 나일 강 하구 로제타에서 발굴된 비석으로, 여기에 적힌 이집트 상형문자를 프랑스 고고학자 샹폴리옹Jean Francois Champollion이 해독해 내면서 고대 이집트 문명을 이해하는 열쇠가 되었다. 그런데 나폴레옹이 획득한 로제타석이 왜 이곳에 있을까? 그것은 나폴레옹의 군대가 귀국길에 벌어진 트라팔가 해전에서 패해 로제타석을 영국에 빼앗겼기 때문이다. 박물관의 전시실마다 이집트, 그리스, 페르시아 등 세계 각지의 거대하고 놀라운 유물들로 가득 채워져 있다. 특히 그리스 유물로 덮인 전시실이 놀랍다. 파르테논 신전과 같은 크기로 만든 전시실에 그곳에서 가져온 대리석 조각품들을 원래 신전과 같은 모습으로 배치했기 때문이다. 아테네 아크로폴리스에서 껍데기만 남은 파르테논을 본 기억이 떠올라 씁쓸했다. 2층에는 이집트의 파피루스와 미라 들이 전시되었다. 우리나라 유물이 전시된 방에서는 신라 왕릉에서 나온 금귀걸이와 상감청자, 백자 등을 볼 수 있었다.

대영박물관의 보물 중에는 세계에서 가장 오래된 수학책, '아메스의 파피루스'도 있다. 1858년에 영국의 고고학자 린드A. Henry Rhind가 이집트에서 발견한 5.5미터 길이의 파피루스 두루마리에는 수학 문제 85개가 적혔다. 기원전 1650년쯤 이집트의 서기 아메스Ahmes가 쓴 것으로 수의 연산과 면적, 부피 구하기 등 고대 이집트의 산술, 기하에 대해 알 수 있는 자료다.

대영박물관을 나와 러셀 광장과 거리를 구경했다. 근방에 크고 작은 박물관이 많았다. 런던에는 내셔널갤러리, 빅토리아앨버트미술관, 테이트브리튼 같은 굴지의 미술관이 많은 데다 특별한 주제로 꾸민 박물관과 기념관도 여럿이다. 주변 거리에 앤티크 시장과 고서점가가 있으며 유서 깊은 저택도 많다. 런던대학교가 있는 거리라 학자와 예술가 들이 많이 살았다. 대영박물관 안에 있는 도서관의 대형 열람실은 많은 학자와 문인 들에게 개방되었는데, 마르크스Karl Marx가 이곳에 매일 나와 《자본론Das Kapital》을 쓴 것으로 알려졌다. 마르크스가 엥겔스Friedrich Engels의 도움을 받으며 가족과 살던 아파트가 박물관에서 가까운 소호 거리에 아직도 있으며 런던 교외에는 그의 묘가 있다.

런던 중심가에 자리 잡은 런던대학교는 자유주의와 비종교주의에 기초해 1827년에 유니버시티칼리지부터 세워졌다. 당시 대학들에는 종교적 제약이 있어서 국교회 신도만 교수로 채용했는데, 런던대학교는 그렇지 않았다. 유니버시티칼리지가 설립된 이듬해에 이 대학의 교수가 된 수학자 드모르간Augustus de Morgan의 경우 케임브리지의 트리니티칼리지에서 공부한 뒤 교수 채용을 위한 종교 시험을 거부했기 때문에 케임브리지나 옥스퍼드의 어느 대학에서도 교수나 연구원이 될 수 없었다.

드모르간은 런던대학교에서 평생 재직하며 1866년에 '런던수학회'를 만들고 초대 회장이 되었다. 당시 영국 수학계에 큰 영향을 준 그는, 유머가 풍부하고 학문적 자유와 종교적 관용을 서슴없이 말해 학생과 동료 들에게 존경받는 명강사이자 명쾌한 해설이 뛰어난 저술가였다. 그는 특히 재미있는 역설을 좋아해 《역설 모음집A Budger of Paradoxes》을 내기도

기호논리학을 확립한 드모르간(왼쪽)과 불.

했다. 퀴즈와 수수께끼를 좋아한 그가 나이와 태어난 해를 묻는 질문에 "나는 x^2년에 x살이다."라고 대답했다고 한다. 그는 43^2인 1849년에 43세였다.

드모르간은 대수학, 미적분학, 확률론에 관한 책을 남겼으며 그 책들은 대수학과 해석기하학의 교과서로 사용되었다. 그는 복소수의 성질을 기하학적으로 해석해 현대 대수학의 기초를 마련하고 확률론에 관한 법칙과 대수적 기호법의 개발에도 공헌했다. 그의 가장 큰 업적은 영국의 수학자 불과 함께 기호논리학을 확립한 것이다. 불은 논리를 '0'과 '1'이라는 두 수와 '참', '거짓'의 두 가지 결과로 이끌어 냈으며 '그리고and'와 '또는or'과 부정 '~이 아닌not' 등 세 가지 기본 작용으로 단순화해서 기호논리학으로 발전시켰다. 이런 불의 업적을 바탕으로 '드모르간의 법칙'이 탄생한 것이다. 이 법칙은 명제와 식을 수학적으로 편리하게 바꾼 것이며 집합론의 발전에 크게 기여했다.

'드모르간의 법칙'을 집합으로 표현하면, 집합들의 교집합의 부정(여집합)은 각 여집합의 합집합과 같고 합집합의 부정은 각 여집합의 교집합과 같음을 나타낸다. 이런 드모르간의 법칙을 벤다이어그램으로 표현하면 이해하기가 쉽다. 영국의 철학자이자 논리학자인 벤John Venn이 고안한 벤다이어그램은 추상적인 기호로 된 수학을 쉬운 그림으로 나타낼 수 있게 한다. 공통 성질이 있는 원소들의 집합을 주로 둥근 영역으로 표시하는 것이다.

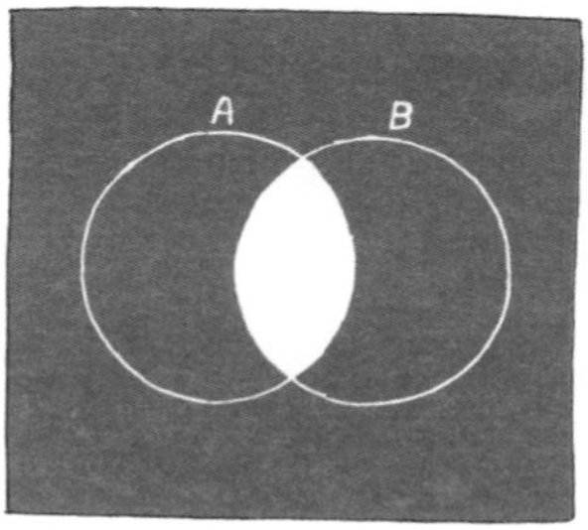

$(A \cap B)^C = A^C \cup B^C$

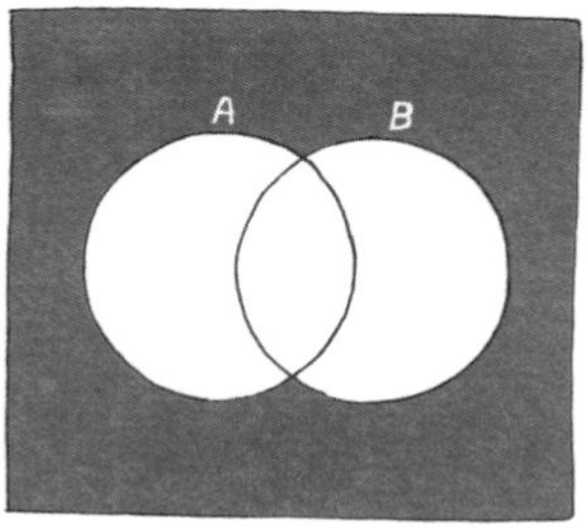

$(A \cup B)^C = A^C \cap B^C$

드모르간과 불에 이어 20세기에 영국 수학자 화이트헤드Alfred North Whitehead와 러셀Bertrand Russell이 《수학 원리Principia Mathematica》를 1913년 완성하면서 수리논리학 분야의 체계가 확립되었다. 수학과 철학의 연결 고리를 만들어 낸 이 책은 20세기의 가장 중요한 논픽션으로 꼽히기도 한다. 이 책에 나온 '1+1=2'에 대한 증명 같은 수리논리학의 공리들과 추론 과정은, 수학과 전공과목(집합론) 첫 수업의 내용이다.

화이트헤드는 수학의 자리에서 철학을 고찰했으며 1920년대 중반에 미국으로 건너가 하버드대학교에서 철학의 형이상학 이론을 발전시켰다. 러셀은 케임브리지 트리니티칼리지의 트라이포스라는 수학 시험에서 최우등을 차지하고 졸업했는데, 1차세계대전 때 징병 반대와 평화주의를 주장해 케임브리지대학에서 쫓겨나고 옥고도 치렀다. 그리고 1919년에 감옥에서 《수학 원리》를 쉽게 푼 《수리철학의 기초Introduction to Mathematical Philosophy》를 썼다. 그는 영국학술원상과 메리트 훈장에 노벨 문학상까지 받았다. 1950년대에 수소폭탄 실험을 맹렬히 비난한 강연으로 널리 알려졌으며 세계 과학자들의 핵무장 반대 운동을 이끌고 90세에도 농성을 벌이는 등 사회운동가로서 활발히 활동했다.

러셀이 만든 문제 중 '이발사의 역설'이 유명하다. "이발사가 한 명 있는 마을에서, 이발사는 스스로 면도하지 않는 사람들만 면도를 해 주고 그렇지 않은 사람은 면도를 해 주지 않는다. 그렇다면 이 이발사의 면도는 누가 해야 할까?" 이발사는 과연 자신의 면도를 할 수 있을까? 그가 직접 면도를 한다면 '스스로 면도하는 사람'에 속하게 되므로 그는 자신에게 면도를 해 줘서는 안 된다. 또 그가 직접 면도를 하지 않는다면 그는 '스스로 면도하지 않는 사람'에 속하므로 그는 자신에게 면도를 해 줄 수 있다. 이 논리를 따져 보면 이발사는 자신의 면도를 할 수도 안 할 수도 없는 모순이 발생한다. 이 역설은 집합론에서 자신을 원소로 포함하지 않는 집합을 다루면서 논리적 모순이 제기되었다. 예를 들어 자신을 포함하지 않는 모든 집합의 집합인 S가 있다면 S는 자신의 원소가 아닌 동시에 자신의 원소가 아닌 것도 아니다. 즉 집합 S가 자신을 포함하지 않는다면 집합 S의 조건을 만족하는 것이 되므로 S의 원소가 될 수도 있기 때문이다. 이 역설을 통해 집합의 원소가 집합 자신이 된다는 초기 집합론의 문제점이 드러났고, 더 엄밀하고 명료한 형식으로 집합론을 수정해야만 했다. 결국 수학의 공리적 기초를 다지는 계기가 된 것이다.

'무한'에서 탄생한 칸토어의 집합론

집합론은 20세기에야 정립된 현대 수학 분야로 1895년에 독일의 수학자 칸토어Georg Cantor가 창시했다. 보통 원소의 모임이라고 하는 집합은, '어떤 조건에 맞는 원소들의 모임'으로 정의된다. 그는 유리수같이 원소를 모두 나열할 수 없고 원소의 개수가 무한해서 셀 수 없는 것을 규정하기 위해 집합론을 창안했다.

칸토어는 베를린대학교에서 정수론 분야의 저명한 수학자 크로네커Leopold Kronecker와 쿠머, 그리고 현대해석학의 아버지로 불리는 바이어슈트라스Karl Weierstrass의 가르침을 받았다. 그는 1869년에 수론과 무한급수에 관한 논문을 발표한 뒤로 계속 '무한'에 관한 연구에 몰두했다. 1895년에는 《초한적 집합론의 기초에 대한 기여Beiträge zur Begründung der transfiniten Mengenlehre》를 발표하고, 여기에서 '무한집합'을 제기했다. '무한'이라는 개념을 수학에 도입하고 '집합론'이라는 수학의 새 분야를 탄생시킨 것이다. 그러나 그의 업적이 당대에는 인정받지 못해 그는 불행한 생애를 보냈다. 당대 최고의 수학자들도 무한집합에 관한 칸토어의 연구를 이해하지 못해서 잘못된 이론이라며 맹렬하게 비난했다. 특히 크로네커는 가장 거세게 공격하고 평생 그를 괴롭혔다. 그의 철저한 반대 때문에 칸토어는 베를린대학교의 교수 자리를 끝내 얻지 못했다. 비난과 멸시 속에 다른 대학의 강사직을 전전하다 정신병까지 얻고 말았다. 칸토어의 무한

집합론을 창시했지만 제대로 인정받지 못하고 불행한 생애를 보낸 칸토어.

집합론은 그의 말년에야 세상의 인정을 받았고, 그는 정신병원에서 생을 마감했다.

오늘날 집합론은 거의 상식이 된 수학 이론이다. 그런데도 칸토어가 인정은커녕 고난만 받았다는 사실이 안타깝다. 새로운 이론은 종종 비난과 공격을 받는다. 더구나 그것이 기존 생각을 완전히 바꿀 만큼 혁명적이라면 더욱 그렇다. 기성 이론에 집착하는 사람들의 거센 저항과 논쟁을 불러일으키기 때문이다. 코페르니쿠스와 갈릴레오와 다윈이 주장한 이론이 그랬고, 칸토어의 무한이론과 집합론도 같은 과정을 겪었다. 셀 수 있는 것, 유한한 것만 인정되던 시대에 '무한'이라는 개념 자체가 혼란스러울 수밖에 없었을 것이다. 그러나 '무한'이라는 개념이 수학에 쓰이면서 무한한 자연수, 유리수와 우주의 별들까지 묶어서 연산하고 응용

집합론을 연상시키는 점묘화, 쇠라의 대표작 〈아니에르에서의 물놀이〉.

할 수 있게 되었다. 오늘날 칸토어의 집합론은 거의 모든 수학 분야에서 이용되며 수학을 연구하는 데 없어서는 안 될 중요한 자리를 차지한다. 현대 수학의 기초를 다진 분야로, 20세기의 모든 수학이 그 위에서 새로 전개되어야 했다.

런던의 내셔널갤러리에서 집합론을 연상시키는 점묘화를 볼 수 있었다. 프랑스의 신인상주의 화가 쇠라Georges Pierre Seurat가 1884년에 완성한 〈아니에르에서의 물놀이Une Baignade, Asnières〉다. 캔버스에 작은 점들을 무수히 찍어 빛의 움직임과 사물을 묘사한 이 그림에서, 무수한 점이 무한이라는 개념과 연결되고 점의 집합으로 그림을 그리는 점묘법은 집합론과 상통하는 것이다. 칸토어의 집합론과 쇠라의 점묘법은 같은 시기에 창시되었다. 수학과 미술이라는 서로 다른 분야에서 같은 시대에 같은 개념이 표현된 것이다. 게다가 이 작품은 인물의 가로와 세로가 황금비를 이룬다. 시대를 앞서간 쇠라의 〈아니에르에서의 물놀이〉도 (칸토어의 무한집합 이론처럼) 당시 주류이던 프랑스미술가협회가 여는 살롱의 심사에서는 탈락했고, '심사도 없고 상도 없는' 예술 전시를 지향한 '독립미술가협회'가 만들어지고서야 빛을 볼 수 있었다. 뛰어난 점묘화로 새로운 화풍을 만들어 신인상주의를 이끈 쇠라는 서른 살을 갓 넘기고 요절했다.

20세기를 여는 힐베르트의 문제

독일의 수학자 힐베르트David Hilbert는 "무한 이외의 어떤 물음도 그토록 인간 정신에 깊은 감동을 주지 않았다."라고 말했다. 그는 칸토어의 무한집합 연구를 '수학적 사고가 빚어낸 가장 놀라운 결과물'이라고 극찬했다. 그리고 1920년대에 무한의 신비한 성질을 설명하기 위해 역설을 만들었다. '힐베르트의 호텔'로 불리는 이 역설에서 그는 방이 무한개인 '그랜드호텔'을 상상했다. 무한개의 방에 손님이 꽉 차서 빈방이 없는데 손님이 또 왔다고 가정해 보자. 그 손님에게 1호실을 주고 1호실 손님은 2호실로, 2호실 손님은 3호실로 옮기는 방식을 반복한다. 또 1호실 손님을 2호실로 옮기고 2호실 손님을 4호실로 옮기는 방식, 즉 n호실 손님을 2n호실로 옮길 경우 새 손님들은 1호실, 3호실, 5호실 등 홀수 호실로 들어가면 된다. 이렇게 하면 방이 무한개인 그랜드호텔은 손님을 무한 명만큼 더 받을 수 있다. 이를 통해 힐베르트는 무한집합도 셀 수 있는 집합이며 홀수의 집합이 전체 집합의 수보다 적지 않다는 것을 나타냈다.

20세기 수학의 발전 방향을 제시한 힐베르트.

힐베르트는 수학에서 형식주의의 기초를 세우는 데 공헌했고, 20세기를 여는 수학의 발전 방향을 제안했다. 1900년 파리에서 열린 20세기 첫 세계수학자대회의 기조연설에서 그가 20세기에 '해법을 찾는 데 주목해야 할 중요한' 수학 문제 스물세 가지를 제시한 것이다. 이것이 전 세계적으로 수학자들의 도전을 불러일으켜 많은 수학자가 이 문제들을 푸는 데 매달렸다. 지난 100년 동안 많은 문제들이 풀렸고, 문제가 하나씩 해결될 때마다 수학계는 흥분했다. 아직 풀리지 않은 문제 중 가장 유명한 것은 '리만 가설'이다. 힐베르트는 이 문제의 해법을 열망하며 이렇게 말했다. "만약 내가 1000년 동안 잠들어 있다가 깨어난다면 제일 먼저 이렇게 물을 것이다. '리만 가설은 증명되었나요?'"

빅벤의 종소리가 템스 강에 울려 퍼졌다. 영국 여행이 얼마 남지 않았

영국에서는 유럽 대륙의 통화인 유로화가 아닌 파운드화가 통용되는데, 50펜스와 20펜스 동전이 칠각형이다.

다고 알려 주는 것 같았다. 주머니에는 칠각형 동전 몇 개가 딸랑거렸다. 유로화를 같이 쓰려고 파운드화를 많이 환전하지 않은 것이 불찰이었다. 영국에서는 유로화가 통용되지 않고 파운드화와 펜스 동전이 쓰인다. 이런 데서도 유럽 대륙과 차이를 두려는 영국의 태도가 보인다.

영국에서 일어난 산업혁명과 근대 자본주의의 성립, 과학기술의 발달은 유럽과 전 세계에 영향을 주었다. 19세기에 이르러 근대과학이 눈부신 발전을 이룬 것과 발맞춰 영국은 수학에서 많은 업적을 남겼다. 불과 드모르간의 업적을 이어받은 화이트헤드와 러셀이 수리논리학 분야를 체계적으로 확립한 것은 20세기 현대 수학의 중요한 성과다. 런던수학회가 드모르간을 중심으로 결성된 데 이어 에든버러수학회가 조직된 것은 그간 학술원에 통합되었던 수학자들의 활동이 독립적으로 전개된다는 것을 뜻했다. 19세기 말까지 프랑스, 독일 등 유럽 각지와 미국에서도 수학회가 창립되었고 수학 관련 회지와 학술지의 발간이 활발해졌다. 이를 통해 수학의 여러 분야에서 나온 성과가 교류되고 전파되면서 수학의 발전에 크게 기여했다. 수학자들은 더 전문적이고 제한된 분야에서 활동하며 20세기 현대 수학의 시대를 맞을 준비를 했다. 한편 현대사회와 문화의 주도권을 거머쥔 미국은 수학 분야에서도 핵심적인 구실을 하고 있다. 템스 강물은 유유히 바다를 향해 흘러가고, 내 마음은 어느새 대서양 건너 아메리카 대륙으로 간다.

CASINO
HOTEL

5

골든게이트 다리를 건너다

미국 수학 1

1

금문교가 그리는 곡선과 비유클리드 기하학

골드러시의 도시 샌프란시스코

비행기가 날짜변경선(경도 180°)을 넘고 태평양을 건너 북아메리카 대륙에 착륙했다. 미국 캘리포니아 주 북부의 태평양 연안 도시 샌프란시스코에 도착한 것이다. 공항을 나서니 태평양에서 부는 바람에 대지의 뜨거운 열기가 실려 왔다. 샌프란시스코 만을 따라 아름다운 해안 풍경이 펼쳐졌고 바닷가에 자리한 자이언츠 야구장도 보였다. 3면이 바다에 둘러싸인 샌프란시스코는 풍광이 아주 아름답다. 태평양에서 샌프란시스코 만으로 들어오는 들머리에 5킬로미터나 되는 골든게이트 해협이 있어서 아시아에서 북아메리카로 들어서는 관문 구실을 한다. 여기에 세계에서 가장 아름다운 다리로 불리는 골든게이트, 금문교가 있다.

샌프란시스코 시내로 들어와 바티칸의 성베드로대성당을 닮은 시 청사를 지나니 샌프란시스코의 랜드마크라는 트랜스아메리카 피라미드가

세계에서 가장 아름다운 다리로 꼽히는 금문교가 곡선 그래프를 그리며 서 있다.

보였다. 260미터 높이의 뾰족한 꼭대기가 인상적이었다. 곧이어 나온 유니언 스퀘어는 남북전쟁 때 연방 지지를 위한 시위가 크게 벌어진 역사가 이름에 남았다. 근방에 박물관과 미술관이 있어 예술의 거리라는데, 마침 마틴 루터 킹Martin Luther King 기념 공원에서 재즈 공연이 열리고 있었다. 미국에서는 킹의 생일이 국경일일 만큼 그의 정신을 높이 받든다. 인종차별 금지는 이민자가 많은 연방국인 미국을 지탱하는 기본 정신이지만 여전히 복잡하며 어렵고도 예민한 문제다. 샌프란시스코는 미국에서도 가장 다양한 인종이 모여 사는 도시로 일찍이 진보적인 문화가 일어났다. 태평양전쟁과 베트남전쟁을 치르는 동안 평화운동이 전개되었고

언덕이 많은 샌프란시스코 시내를 다니는 케이블카를 타고 아름다운 풍경을 즐길 수 있다.

언론 자유 운동, 흑인 인권 운동을 주도했다. 샌프란시스코 만 건너편의 버클리대학은 1960년대 미국을 크게 흔든 학생운동의 시발점이다. 또 샌프란시스코에서 히피 문화가 탄생해 미국 전체에 큰 영향을 끼쳤으며 성소수자들에게도 개방적인 문화가 형성돼 이 부근에 그들이 이룬 마을도 있다.

피셔맨스워프로 갈 때는 언덕에 구불구불하게 난 롬바드 가를 긴장감 있게 통과했다. 비탈이 아주 심한 이 길은 화려한 색상의 꽃들이 만발해 '꽃길'로 불리는데, 꽃만큼 예쁜 집들도 늘어서 있다. 순식간에 꽃길을 내려오니 케이블카가 언덕길을 오르고 있었다. 자동차가 언덕이 많은 도심을 빠져나와 깎아지른 듯한 비탈길을 넘자마자 그대로 바다로 뚝 떨어질 것만 같더니 곧이어 샌프란시스코 만을 배경으로 환상적인 풍경이 펼

화려한 꽃들이 만발한 언덕길, 롬바드 가.

쳐졌다. 샌프란시스코 만의 짙푸른 바다가 푸른 하늘과 맞닿아 있고 끝없이 이어진 부둣가에 요트를 비롯한 배가 넘쳐 났으며 해산물 가게와 식당이 즐비했다. 부두에서 배를 타고 골든게이트 해협과 샌프란시스코 만을 둘러보았다. 금문교가 태평양 해협을 가르고, 고급 주택들이 들어선 소살리토 해안가에는 호화로운 요트들이 닻을 내리고 있었다. 바다사자들이 서식하는 바위를 지나자 곧 앨커트래즈 섬이 보였다. 영화로 많이 알려진 것처럼 이 돌섬은 한때 강력범들을 격리한 연방 감옥이 있던 곳으로 악명이 높았다.

골든게이트 해협 건너 북쪽으로 가면 캘리포니아의 주도이자 골드러

새크라멘토 시의 주립 공원에 복원된 서터의 집.

시의 근원지인 새크라멘토가 있다. 1848년에 새크라멘토 강변에 살던 개척민 서터John Sutter가 제재소를 짓고 있었는데 그 현장에서 처음 금이 발견되었고, 그 이듬해에 소식을 전해 듣고 약 8만 명이 금을 찾아 폭발적으로 몰려들어 '(18)49년에 온 사람'을 뜻하는 '포티나이너fortyniner'라는 말까지 생겼다. 그런데 정작 서터는 금광을 찾아 몰려든 사람들에게 땅과 가축 등 재산을 약탈당한 채 동부로 떠나고 말았다. 새크라멘토 시의 주립 공원에는 그의 집이 '서터의 요새'로 복원되어 있다.

골드러시 전 샌프란시스코는 1830년대에야 처음으로 정착민이 생겼을 정도로 유럽인들에게는 미지의 땅이었고 원래 멕시코에 속해 있었다.

1846~1848년에 미국이 멕시코와 영토 전쟁을 벌인 뒤 캘리포니아가 미국 땅이 되어 샌프란시스코에 성조기가 꽂힐 때만 해도 집이 몇 채뿐이었다. 그러다 골드러시로 1년 만에 인구가 수만 명으로 급증한 것이다. 캘리포니아는 미국의 서른한 번째 주가 되고 얼마 있다 골드러시까지 터지면서 새로운 기회의 땅으로 떠올랐다. 골드러시의 과열이 지난 뒤에도 캘리포니아의 인구는 계속 증가해 미국에서 가장 인구가 많은 주가 되었다. 1860년대부터 100년간 인구가 20년마다 약 2배씩 기하급수적으로 증가했다. 즉 2의 거듭제곱인 2^5이 되어 100년 동안 인구가 32배로 늘어난 셈이다. 한반도보다도 큰 캘리포니아는 미국의 농업 생산을 주도하는 천혜의 땅으로, 경제적 규모가 다른 주에 비해 월등히 커서 한 나라의 경제 규모에 버금간다.

포물선을 그리는 금문교

샌프란시스코 만의 해안을 따라 달리다 드디어 금문교에 다다랐다. 세계에서 가장 아름다운 다리로 불리는 금문교는 검푸른 해협을 가로지르며 우아하게 곡선으로 줄을 늘어뜨리고 있었다. 그런데 이름처럼 금색이 아니라 붉은색이다. 해협에 자주 끼는 안개 속에서 눈에 잘 띄게 하려고 선명한 붉은색을 칠한 것이다. 전체 길이는 2800미터, 주탑과 주탑 사이의 거리는 1280미터, 다리를 지탱하는 두 탑의 높이는 227미터로 1937년 완공될 때에는 세계에서 가장 긴 현수교였다. 큰 배가 지나다닐 수 있도록 다리가 해수면에서 높이 설치되어 더 웅장하게 보인다.

금문교 건설은 원래 불가능한 작업으로 여겨졌다. 태평양의 조수와 빠른 물살, 강한 바람, 잦은 안개, 험준한 지형 등 조건이 매우 좋지 않은

금문교 건설에 쓰인 강철 케이블. 안내문에 주탑 간 거리가 1280미터, 2만 7000가닥의 쇠줄로 된 케이블 길이가 2331.7미터나 되며 쇠줄 전체의 길이는 12만 8748킬로미터에 이른다고 쓰여 있다.

데다 지진에도 견뎌야 했기 때문이다. 그래서 스트라우스Joseph Strauss가 진행한 금문교의 건설 과정은 자연의 힘에 맞서는 전투와도 같았다. 가장 힘들고 위험한 작업은 거센 물결을 버티면서 높이가 227미터나 되는 철탑에 수만 톤씩 나가는 강철 케이블들을 매다는 것이었다.

금문교 위를 걸어 보았다. 다리가 흔들리는 느낌이 들 정도로 태평양의 바람과 물결이 세찼어도 가슴은 드넓은 바다처럼 탁 트였다. 절벽 위에 걸쳐진 웅장한 다리가 한눈에 들어왔다. 태평양에서 안개가 밀려들 때는 높이 솟은 교탑 꼭대기만 안개 위로 모습을 드러내기도 한다. 다리

아래로 배가 다니고, 바다에서 요트를 즐기는 사람들이 보였다. 다리 밑에는 바다로 접근하는 적을 막기 위해 지은 요새도 남아 있었다. 이 아름다운 다리가 자살하려는 사람들에게도 인기 있어서, 그동안 이 다리에서 바다로 뛰어든 사람이 수천 명이다. 자살을 막기 위해 다리 난간 옆에 그물을 설치하는 공사가 진행될 것이라고 한다.

금문교 앞에는 다리에 설치한 것과 같은 크기의 강철 케이블이 전시되었다. 케이블은 지름이 90센티미터쯤 되는데, 쇠줄 2만 7000가닥을 한데 묶어 만들었다고 한다. 재질이 균일한 줄의 양 끝을 잡고 가운데 부분을 자연스럽게 늘어뜨릴 때 생기는 곡선이 '현수선'이다. 즉 중력의 영향만 받고 늘어진 줄의 모양이다. 그래서 금문교처럼 거대한 철탑 두 기를 세우고 거기에 연결한 강철 케이블로 버티게 한 다리를 현수교라고 부른다. 우리나라의 영종대교와 남해대교도 현수교다. 그런데 현수교의 케이블은 자연스럽게 늘어뜨린 것이 아니라 잡아당기듯이 다리의 상판에 연결해 놓았다. 이렇게 일정한 간격으로 고정해 주는 지점이 생기기 때문에 현수교의 케이블은 현수선이 아닌 포물선 모양에 가깝다. 일정한 간격으로 설치된 지점이 다리의 탑과 상판이 만드는 가로세로축 사이에서 포물선과 유사한 그래프를 그리는 것이다. 현수선과 포물선은 모양이 아주 비슷해서, 포물선을 연구한 갈릴레오도 현수선이 포물선과 같은 것으로 이해했다고 한다. 그는 공중으로 던져 올린 물체가 그리는 경로가 포물선이라고 밝혔다. 포물선을 그리는 물건의 예로 포탄을 드는 경우가 많다.

2차함수 $y=ax^2+bx+c$의 그래프 모양이 바로 포물선이다. $a>0$이면 아래로 볼록, $a<0$이면 위로 볼록한 모양이 된다. 또 a의 절댓값이 클수록 포물선의 폭이 좁아진다.

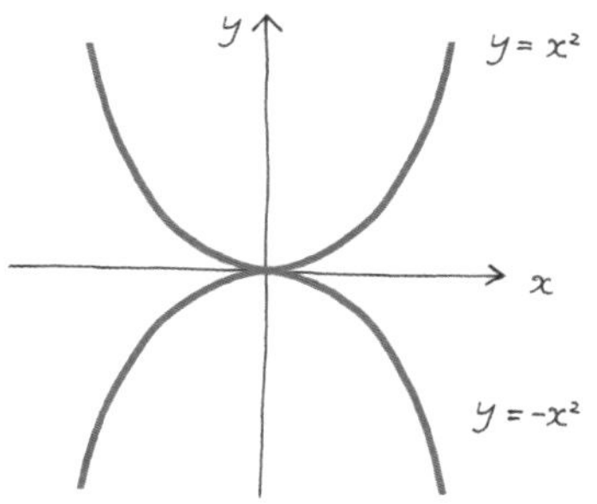

포물선은 외부에서 들어오는 빛이나 소리가 초점에 모이게 하는 성질이 있고, 이 초점에 모인 빛을 반사해 평행으로 뻗어 나가게 한다. 즉 포물선 모양으로 만든 포물면의 초점에 전구를 두면 빛이 흩어지지 않고 뻗어 나갈 수 있다. 이런 원리를 이용한 것이 자동차의 전조등과 태양열을 모으는 거울 등이다. 전파망원경도 우주에서 지구로 오는 전파를 파라볼라안테나('파라볼라'가 포물선이라는 뜻이다.)에 반사시켜 초점에 모이도록 한 것이다. 아르키메데스는 일찍이 포물선의 원리를 깨달아, 로마에 맞서는 전쟁에서 포물면 거울로 태양열을 모아 적의 배에 불을 붙였다는 설이 있다.

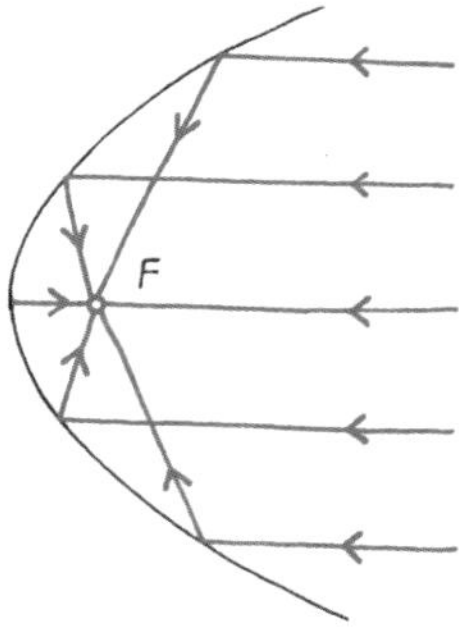

빛이나 소리가 외부에서 들어오면 포물면에 부딪혀 반사하며 초점(F)에 모이므로 흩어지지 않고 뻗어 나갈 수 있게 한다.

금문교를 건너서 북쪽 방면으로 달렸다. 시계를 보니 한국에서 비행기를 탄 시각이다. 열한 시간 동안 비행하고 샌프란시스코 시내를 한나절이나 돌아보았는데도 시간이 한국을 떠나올 때와 같다니 하루를 덤으로 산 기분이 들었다. 그리니치 천문대와 비교하면 서경 120도인 샌프란시스코는 여덟 시간 늦고 동경 135도의 표준시를 쓰는 서울은 아홉 시간 빠르니까 두 도시 간에 열일곱 시간이라는 차이가 있으며 서머타임제가 실행되면 시차가 한 시간 줄어든다. 그리고 날짜변경선을 넘었으니 하루 늦은 날짜가 된다.

샌프란시스코는 온화한 해양성 기후로 연중 따뜻한 날씨인데 서울과 위도가 거의 같다. 위도가 같아도 두 도시의 기후는 아주 다른 것이다. 위도상 샌프란시스코는 미국의 중간인 38도에 가깝다. (한반도의 남북을 가르는 것이 38도선이다.) 미국의 독립선언문을 쓴 3대 대통령 제퍼슨Thomas Jefferson은 자국의 중간 위도인 38도에서 주기가 1초인 진자의 길이를 도량형의 기본 단위로 하자고 주장하기도 했다. 그는 수학과 과학에 관심이 많아 평생 수학을 연구했다고 한다.

위도선의 길이는 당연히 적도에서 가장 길고 극 지점에 가까울수록 짧아진다. 위도를 따라 샌프란시스코와 서울을 잇는 선을 그을 때, 평면지도로는 직선이 가장 짧지만 지표면에서는 직선을 그을 수 없다. 우리가 살고 있는 지구가 바로 둥근 곡면이기 때문이다. 지구 같은 곡면 위에 긋는 선은 곡선이고 좌표 선들도 곡선이다. 곡면에서는 평행선을 그을 수 없고 수직선도 직각을 만들지 않는다. 이렇게 곡면의 기하학은 기존 유클리드 기하학과는 전혀 다른 획기적이고 새로운 발상의 수학이다. 그래서 유클리드 기하학이 아니라는 뜻으로 '비유클리드 기하학'이라고 한다.

기원전 3세기에 유클리드가 쓴 기하학의 《원본》은 가장 완벽한 수학 체계를 상징했다. 그리고 유클리드 기하학에서 밝힌 다섯 가지 공준, 즉 항상 참으로 받아들여지는 증명이 필요 없는 명제는 2000년 동안 절대 불변의 진리로 인정되었다. 그런데 다섯 번째 공준에 해당하는 '평행선 공리'의 절대 권위가 19세기에 도전받았다. 평행선 공리의 가장 핵심적인 내용은 '직선 밖의 한 점을 지나는 평행한 직선은 오직 하나만 존재한다'로 표현되는데, 이것이 곡면기하학에 따라 성립할 수 없게 된 것이다. 유클리드의 공준이 더는 성립하지 않는다는 뜻이다. 평행선 공리는 평면에서만 해당하는 말이 되었다. 또 평면에서 삼각형 내각의 합은 180도지만 곡면에서는 그렇지가 않다. 볼록한 곡면에서는 삼각형 내각의 합이 180도보다 크고, 오목한 곡면에서는 180도보다 작다. 곡면기하학에서는 한 직선에 평행한 직선이 하나가 아니라 그 이상일 수도 있으며 하나도 존재하지 않을 수도 있다는 것이 제기되었다. 타원체처럼 볼록한 곡면에는 한 직선에 평행한 선이 하나도 없고, 오목한 곡면에서는 한 직선에 평행한 선이 무수히 많다.

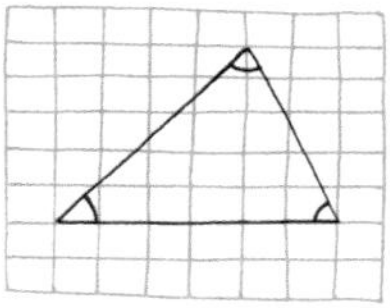

평면

내각의 합=180°
평행선이 하나

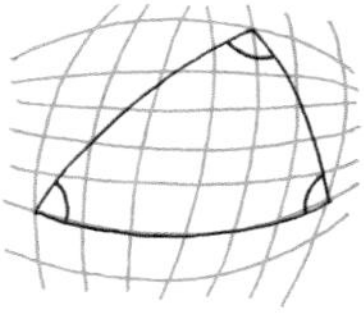

볼록한 곡면

내각의 합 〉180°
평행선이 없음

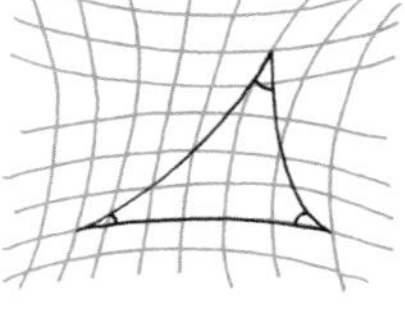

오목한 곡면

내각의 합 〈 180°
평행선이 무수히 많음

현대 수학은 비유클리드 기하학에서 새로 출발한다. 러시아의 로바쳅스키Nikolai Lobachevsky와 헝가리의 보여이János Bolyai가 곡면에서는 평행선이 없다는 것을 증명해 비유클리드 기하학이 존재한다는 것을 밝혀냈다. 두 수학자는 거의 같은 시기에 같은 이론을 다른 곳에서 발견했다. 뉴턴과 라이프니츠의 미적분학, 데카르트와 페르마의 해석기하학과 같은 경우다.

로바쳅스키와 보여이의 이론은 수학사의 큰 전환을 가져올 위대한 발견이었으나 당대에는 제대로 꽃피지 못했다. 지금은 '기하학의 코페르니쿠스'로 불리는 로바쳅스키가 1829년에 〈기하학의 원리에 대하여On the Principles of Geometry〉를 발표해 비유클리드 기하학의 역사적인 탄생을 처음으로 세상에 알렸다. 하지만 당시에 그의 새 기하학은 허상의 이론이라고 비웃음을 샀고 대문호 괴테Johann Wolfgang von Goethe마저 비유클리드 기하학을 조롱하는 글을 썼다. 보여이도 로바쳅스키가 논문을 발표한 해에 똑같은 결론에 이르렀다. 그는 10대 시절부터 평행선 공리에 몰두했는데, 한때 평행선 공준에 도전한 뛰어난 수학자인 그의 아버지가 "그 문제는 영원히 증명하지 못하고 너는 지옥 같은 암흑의 시간을 보낼 거다. 괴물 같은 평행선 문제는 뉴턴 같은 거인도 집어삼키고 말 거야." 하고 아들의 연구를 말렸다. 마침내 보여이가 위대한 이론을 발견해 "나는 새 우주를 창조했다!" 하고 호기롭게 외쳤으나, 세상의 답변은 그를 골칫덩어리로 치부하는 것이었다. 그의 아버지가 아들의 새 이론을 자랑스럽게 가우스에게 보냈을 때, 가우스는 자신도 이미 그것을 연구했지만 공표할 생각이 없다는 편지를 보냈다. 가우스의 답변을 듣고 화가 난 보여이는 그 뒤로 수학 논문을 발표하지 않았다고 한다.

비유클리드 기하학을 처음으로 발표해 '기하학의 코페르니쿠스'로 불리는 러시아의 수학자 로바쳅스키(왼쪽), 비슷한 시기에 같은 이론을 발견한 헝가리의 수학자 보여이(가운데), 1854년에 비유클리드 기하학을 체계적으로 정리해 새로운 유클리드로 인정받은 독일의 수학자 리만.

수학의 황제 가우스도 그에 앞서 곡면기하학을 창안하면서 오랫동안 기하학을 지배한 유클리드 기하학에 모순적인 면이 있다는 것을 알아냈다. 비유클리드 기하학이 존재한다는 것을 이미 발견했으나, 그것이 기존 이론을 뒤집는 것이라서 공표하지 않았다. 그는 자신의 연구가 세상을 시끄럽게 할 것을 우려했다. 세상은 유클리드 기하학만을 절대 불변의 진리로 믿으려고 하며 진리에 어긋나는 비유클리드 기하학의 출현을 코페르니쿠스의 전환만큼 당혹스러워했다. 가우스를 비롯한 수학자들은 이러지도 저러지도 못한 채 30여 년을 방황하며 비유클리드 기하학의 인

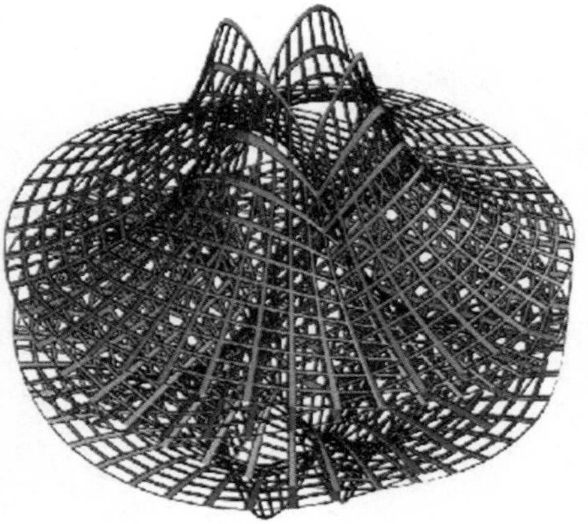

복소수 함수의 리만 곡면을 표현한 그래프. 리만의 이론은 아인슈타인이 일반상대성이론과 중력에 따라 휘어진 우주 공간을 설명하는 데 이용되었다.

정을 주저하고 있었다.

마침내 1854년에 독일의 젊은 수학자 리만Georg Friedrich Bernhard Riemann이 과감히 선언했다. “직선 밖의 한 점을 지나는 직선에 평행한 직선은 존재하지 않는다!” 가우스의 제자인 리만은 괴팅겐대학에서 평행선 공리에 대한 역사적인 강연을 하고 보여이와 로바쳅스키와 가우스가 이룬 비유클리드 기하학을 체계적으로 정리했다. 리만의 강연을 통해 수학의 역사에 대전환이 왔으며 새로운 유클리드가 나타났다고 인정받았다. 20대 나이에 불과한 리만의 놀라운 강연을 들은 노교수 가우스는 흥분을 감추지 못했다고 한다. 비유클리드 기하학을 누구보다 고민한 가우스는 리만의 발표를 통쾌하게 받아들였을 것이다. 그는 리만이 강연한 이듬해에 세상을 떠났다.

리만의 기하학은 구부러진 곡면이나 휘어진 공간을 미적분을 사용해 곡률로 나타냈다. 이를 통해 휘어진 공간을 고무판처럼 자유롭게 다룰 수 있게 되면서 위상기하학도 발전했다. 리만의 이론은 20세기에 아인슈타인이 일반상대성이론을 완성하고 중력에 따라 휘어진 우주 공간을 설명하는 데도 활용되었다. 가상공간으로만 생각하던 비유클리드 기하학이 실제로 우리가 살고 있는 우주 공간을 설명하는 모델이 되기 때문이다.

2
해안선의 길이와 프랙털 기하학

할리우드의 도시 로스앤젤레스

금문교 건너 샌프란시스코 위쪽에도 경치가 빼어난 곳이 많다. 검은 모래와 기암괴석이 펼쳐진 해안을 따라가면 히치콕Alfred Hitchcock 감독의 스릴러물 〈새The Birds〉를 찍은 곳이 나오고 세계에서 가장 키가 크고 나이가 보통 1500년 이상이라는 레드우드 숲도 있다. 또 미국 와인의 대부분을 생산하는 나파 밸리가 펼쳐진다. 포도밭이 끝없이 이어지는 이곳에 크고 작은 양조장이 300여 곳이나 늘어서 있고, 안으로 들어가 시음도 할 수 있다. 계곡을 따라 차를 몰다가 포도밭 언덕 위에 수도원처럼 자리 잡은 하얀 양조장 건물에서 무료 와인을 홀짝거리며 나파 밸리의 경치를 내려다보았다. 내륙으로 더 들어가면 요세미티국립공원을 비롯한 시에라네바다 산맥의 수려한 산악 지대가 펼쳐지고, 네바다 주와 닿은 곳에는 해발 2000미터 지점에 바다같이 넓은 호수가 놀라운 경관을 이룬다. 이 타

미국의 대표적 와인 생산지인 나파 밸리.

호 호는 인디언 말로 '큰물'이라는 뜻이다.

캘리포니아 주를 비롯한 미국의 서부 지역은 계절의 변화가 거의 없어서 겨울에도 춥지 않은 데다 비가 오지 않아서 날마다 여행을 즐길 수 있었다. 10개월 동안 비가 한 방울도 내리지 않을 정도로 건조하다. 이렇게 기후변화가 거의 없으니 생활이 무척 단조롭고 여유로워 보인다. 옷장을 정리하거나 계절 용품을 따로 보관할 필요도 없을 것이다. 그래서인지 이곳 사람들이 이사하는 모습은 무척 단출해 보인다. 봄이 왔나 싶으면 여름에 입고 쓸 것을 챙겨야 하고, 어느새 바람이 선선해지면 겨울 채비를 해야 하는 우리는 사계절을 따라가느라 벅차고 바쁜데 말이다.

샌프란시스코를 떠나 남부 캘리포니아를 여행했다. 샌프란시스코 남쪽 스탠퍼드대학교의 아름다운 교정과 후버 타워를 본 뒤 실리콘밸리 산호세를 지나서 미국 서부 최대 도시인 로스앤젤레스를 향해 해안 도로를 달렸다. 태평양 연안을 따라 울퉁불퉁한 기암절벽을 오르내리며 구불구불 이어진 1번 해안 도로를 달리는 동안 빼어난 경치를 즐길 수 있었다. 고속도로를 이용하면 목적지에 더 빨리 도착하겠지만, 해안 도로를 달리는 동안 장기 여행의 피곤이 파도를 타고 넓은 바다에 씻겨 나가는 것 같아 좋다. 그런데 이것이 실수라는 것을 나중에 깨닫게 되었다. 처음에는 해안 도로를 이용해도 600킬로미터 정도 떨어진 로스앤젤레스에 해를 넘기지 않고 여유롭게 도착할 거라고 예상했다. 몬터레이의 환상적인 수족관을 둘러보고 해안 도로 중 최고로 꼽히는 '17마일 드라이브 코스'로 들어가 페블 비치를 돌 때까지는 괜찮은 일정 같았다. 하지만 그만큼 가는 데만 다섯 시간 넘게 걸리고도 로스앤젤레스까지 거리는 절반이 넘게 남았다. 그때부터 구경은 포기하고 부지런히 달렸지만, 결국 예정에 없던 바닷가 모텔에 묵을 수밖에 없었다. 예약을 하지 않아 바가지요금까지 치르면서…….

남캘리포니아는 작열하는 태양 아래 도시의 정열이 한껏 느껴졌다. 로스앤젤레스는 시가지가 좌표평면을 닮은 바둑판 모양인 데다 도시를 가로지르는 정교한 고속도로망까지 바둑판무늬라서 계획도시라는 것을 알 수 있다. 19세기 골드러시와 서부 개척에 힘입어 인구가 급속히 늘어난 로스앤젤레스는 20세기에 영화제작사와 음반 회사, 텔레비전 방송사들이 몰려들면서 서부의 최대 도시로 성장했다. 도심 주변에 차이나타운과 리틀도쿄·코리아타운이 자리해, 동북아시아 세 나라의 이민자들이 비교적 큰 집단을 이룬 것을 알 수 있었다.

할리우드를 대표하는 이 간판은 원래 이 지역 부동산 회사의 광고판이었다.

로스앤젤레스 북서쪽에 할리우드와 비벌리힐스가 있고 서남쪽으로는 산타 모니카, 롱비치 같은 아름다운 해변이 펼쳐진다. 20세기 초반에 영화 촬영소가 처음 들어선 뒤로 화려한 영화의 꿈을 이루려는 사람들이 할리우드에 몰려들기 시작했다. 온화한 기후와 풍부한 햇빛, 아름다운 해변과 독특한 지형에 다양한 인종까지 어우러져서 영화제작에 유리했기 때문이다. 할리우드 서쪽 비벌리힐스에는 스타들이 많이 살고, 북쪽에는 영화 촬영소를 놀이공원으로 꾸민 유니버설 스튜디오가 있어서 인기가 많다.

비벌리힐스의 저택들과 로데오 거리를 차에서 둘러보고 할리우드로 향했다. 할리우드 대로를 중심으로 펼쳐진 거리 바닥에는 수많은 스타의 이름을 새긴 별 모양 돌이 깔려 있는데, 그들의 손바닥·발바닥 도장이나 사인이 보인다. 스타들의 발자국을 따라 걸으며 거리를 구경했다. 스타와 관련된 상점들이 즐비하고 촬영장을 재현한 오락 센터, 영화사와 음반 제작사, 할리우드 볼이라는 야외 공연장에 박물관과 전시관까지 있어서 볼거리가 넘쳤다. 특히 대륙횡단철도를 건설한 철도왕 헌팅턴Henry E. Huntington 집안의 저택은 방대한 식물원과 미술관, 도서관으로 꾸며진 곳으로 메르카토르 세계지도, 구텐베르크Johannes Gutenberg 《성경》 등 중요한 소장품들이 풍성했다. 여기에서 메르카토르 지도의 사본을 몇 점 살 수 있었다.

해안선의 길이가 궁금하다면

로스앤젤레스 남쪽 애너하임에 있는 디즈니랜드에서도 즐거운 시간을 보냈다. 1955년에 디즈니Walt Disney가 이 황량한 사막 지역에 방대한 놀이공원을 짓는 모험적인 사업을 착수하기 전에 한 일은, 스탠퍼드대학의 수학 연구실에 이 계획을 분석해 그 성공 확률을 측정해 달라고 의뢰하는 것이었다. 수학 연구팀은 모든 조건을 세밀히 검토하고 계산한 끝에 '성공할 확률이 아주 높다'는 보고를 그에게 보내, 비로소 디즈니랜드 사업이 진행되었다. 디즈니랜드와 유니버설 스튜디오에서 실컷 즐긴 다음에 시내를 벗어나 해변으로 나갔다. 바다에서 서핑을 하는 사람들을 구경하다가 내친 김에 멕시코와 접경한 해안 도시 샌디에이고까지 가 봤다. 물론 이번엔 해안 도로가 아니라 고속도로를 이용했다.

해안 도로를 이용하면 왜 그렇게 시간이 많이 걸릴까? 해안선을 따라 만든 도로가 직선으로 쭉 뻗은 고속도로보다 길어진다는 것은 분명한 사

태평양 연안을 따라 굽이굽이 이어지는 캘리포니아 주의 1번 해안 도로 '퍼시픽 코스트 하이웨이'. 크고 작은 만과 곶이 있는 불규칙한 지형의 해안선은 길이를 정확히 측정하기가 어렵다.

실이라도 시간이 몇 배나 더 걸리는 것은 쉽게 이해되지 않는다. 샌프란시스코에서 로스앤젤레스로 갈 때도 고속도로 대신 해안 도로를 이용하는 바람에 시간이 몇 배나 더 걸렸다. 실제 해안선의 길이가 지도와 크게 달랐기 때문이다.

해안선의 길이는 어떻게 잴까? 크고 작은 만과 곶이 있는 불규칙한 지형 때문에 해안선의 길이를 정확히 측정하는 것은 어렵다. 지형을 간략히 나타낸 지도도 척도에 따라 오차가 크게 생긴다. 보통 지도에는 태평양 연안이 완만한 곡선으로 나타나지만, 지도를 좀 더 자세히 그리면 움

캘리포니아 서부 해안선은 굴곡이 심하고 복잡한 지형이다.

푹 들어가거나 튀어나온 연안의 굴곡이 나타난다. 또 연안을 더 자세하게 그린 지도라면, 불규칙하게 울퉁불퉁한 모양이 아주 작게 나타난다. 샌프란시스코에서 로스앤젤레스에 이르는 해안선을 지도로 나타낸다면 해안선이 완만한 곡선일 수도 있고 굴곡이 심한 곡선일 수도 있는 것이다. 굴곡이 반복되는 리아스식 해안인 경우 지도에 따라 해안선의 모양이 더 달라진다. 우리나라의 서해안도 크고 작은 만과 곶이 많은 불규칙한 지형으로 아주 복잡한 해안선을 보인다. 복잡한 해안선일수록 해안선의 길이가 더욱 길어진다.

캘리포니아 해안을 가 보고서 망델브로Benoît Mandelbrot의 해안선 길이에 관한 문제가 새삼 다가왔다. 폴란드 출신 프랑스 수학자인 망델브로가 1967년에 〈영국 해안선의 총길이는 얼마인가?How Long Is the Coast of Britain?〉라는 논문을 《사이언스Science》지에 발표했다. 그는 영국 서부의 해안선같이 복잡한 해안선의 길이는 그것을 어떤 자로 재느냐에 따라서 달라질 수 있다고 생각했다. 영국 해안선의 길이는 200킬로미터 단위의 자로 재면 약 2400킬로미터지만, 50킬로미터 단위의 자로 재면 약 3400킬로미터가 된다고 한다. 단위가 더 작은 자로 잰다면 그 길이는 훨씬 더 늘어날 것이다. 앞에서 말했듯이 지도를 만들 때도 마찬가지다. 해안선을 자세히 나타낼 경우 그 길이는 직선으로 간략히 표시하는 경우보다 훨씬 늘어난다. 10센티미터나 1센티미터 단위 자로 그리면 해안선의 길이가 크게 달라진다. 국경의 길이도 마찬가지다. 국경을 따라 성벽을 쌓을 때 측량한 길이와 실제 성벽의 길이는 국경의 굴곡에 따라 달라질 수 있다.

해안선의 길이는 그것을 측정하는 자가 세밀할수록 길어진다.

그렇다면 해안선의 굴곡에 따른 길이가 어떻게 달라지는지 계산해 보자. 다음의 맨 왼쪽 그림처럼 선분이 하나인 해안선이 있는데, 그것을 3등분해 작은 선분으로 작은 만이 생기도록 그리면 선분이 네 개 만들어진다. 이 네 선분을 또 3등분해서 더 작은 만이 생기면 세 번째 그림처럼 선분은 16개로 늘어나고, 이 과정을 반복한 다음 단계에는 선분이 64개다. 이런 식으로 울퉁불퉁한 해안선을 세밀하게 나타낸다면 선분의 수는 무한히 늘어날 것이다.

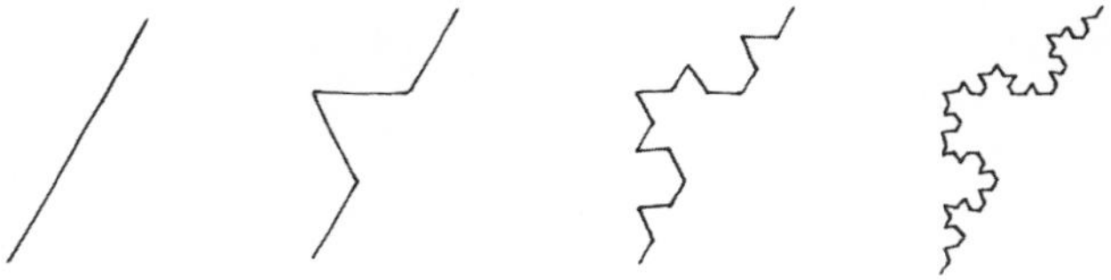

선분 개수가 1개(4^0) 4개(4^1) 16개(4^2) 64개(4^3) → 4배씩 증가한다.
해안선 길이가 100km 133km 178km 237km → $\frac{4}{3}$배씩 증가한다.

예컨대 처음에 선분 하나로만 그린 해안선의 길이가 100킬로미터라면 선분 네 개로 작은 만이 생긴 해안선의 길이는 약 133킬로미터($100 \div 3 \times 4 = 133.33$)가 된다. 만 안에 더 작은 만이 생기는 다음 단계에는 해안선의 길이가 178킬로미터($100 \div 3^2 \times 4^2 = 177.78$)고, 작은 만 안에 더 작은 만들이 생기는 마지막 단계에는 해안선의 길이가 237킬로미터($178 \div 3 \times 4 = 100 \div 3^3 \times 4^3$)다. 같은 방법으로 계속 해안선을 더 세밀하게 그릴 경우 316킬로미터($100 \div 3^4 \times 4^4$), 421킬로미터($100 \div 3^5 \times 4^5$)가 된다. 이런 식으로 해안선의 길이를 구하는 계산에서 규칙을 발견할 수 있다. 즉 해안선에 만이 하나 생길 때마다 길이가 $\frac{4}{3}$배씩 늘어난다. 만이 n개 생기면 해안선의 길이가 $(\frac{4}{3})^n$씩 늘어나는 것이다.

1904년에 스웨덴 수학자 코크Helge von Koch가 해안선을 나타낸 앞의 방법을 처음 만들었다. 그는 정삼각형의 각 변을 3등분하고 그 중앙에 있는 선분과 같은 길이를 한 변으로 하는 작은 정삼각형을 만드는 과정을 반복했다. 계속 반복하면 눈송이 같은 모양이 만들어져서 코크의 곡선을 '눈송이 곡선'이라고 한다.

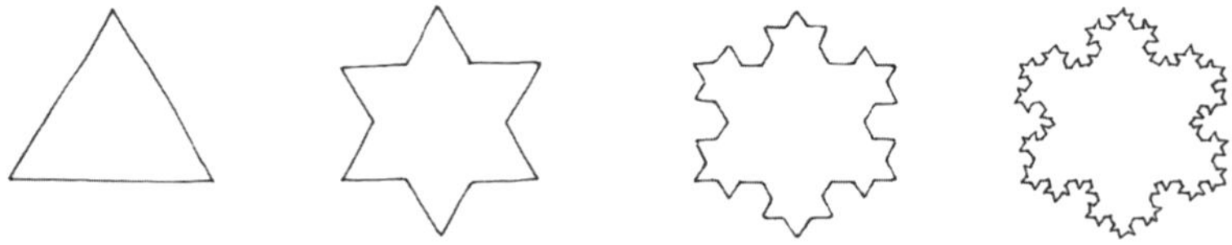

둘레는 3, $3\times\frac{4}{3}$, $3\times(\frac{4}{3})^2$, $3\times(\frac{4}{3})^3 \rightarrow \lim_{n\to\infty}3\times(\frac{4}{3})^n$

코크 곡선으로 된 삼각형의 둘레를 구하는 방법은 앞에서 해안선의 길이를 구하는 계산법과 같다. 정삼각형의 한 변의 길이가 1일 때 둘레는 3이다. 각 변을 3등분해서 삼각형을 만들면 길이가 $\frac{1}{3}$인 선분이 네 개 생기고, 정삼각형의 변이 모두 세 개라서 전체 둘레는 $3\times\frac{4}{3}$가 된다. 다음 단계에서도 각 변의 길이가 $\frac{4}{3}$씩 늘어나고 변이 모두 세 개씩이므로 $3\times(\frac{4}{3})^2$이 된다. 또 그다음 단계는 $3\times(\frac{4}{3})^3$이 돼 둘레가 7.11이 된다. 처음 정삼각형의 둘레가 3이던 것이 세 단계의 코크 곡선을 거치면서 7.11로 되어 둘레의 길이가 훨씬 늘어났다. 이렇게 코크 곡선을 계속 만들면 단계마다 $\frac{4}{3}$배 증가해서 n단계에 전체 둘레는 $3\times(\frac{4}{3})^n$이다. 그리고 코크 곡선을 무한히 만든다면 총 길이는 극한값인 $\lim_{n\to\infty}3\times(\frac{4}{3})^n=\infty$이므로 무한이다.

코크 곡선을 계속 반복하면 처음에 유한했던 길이가 무한의 길이를 갖게 되는 것이다. 그런데 코크 곡선은 정삼각형에 외접하는 원을 벗어나지는 않기 때문에 눈송이의 넓이는 유한하다. 무한히 반복된 코크 곡선의 넓이를 극한값으로 구하면 유한한 값이 나오는 것이다. 즉 코크 곡선의 넓이는 유한하고 둘레의 길이는 무한하다. 이것은 넓이가 유한한 영토라도 해안선의 길이는 무한히 커질 수 있다는 뜻이다. 국경선의 길이도 마찬가지다.

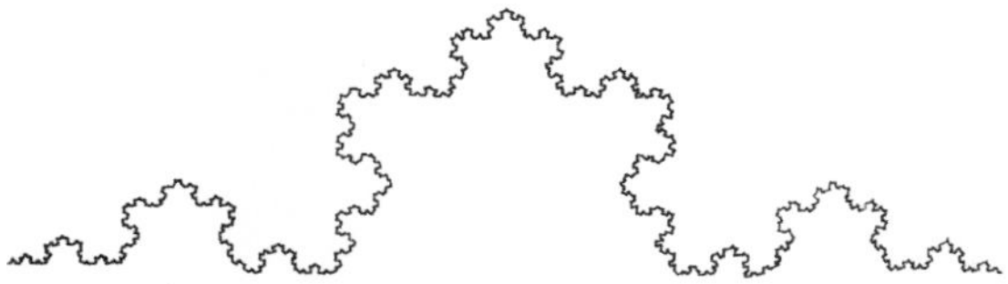

코크 곡선을 반복하면 무한한 길이가 되는 것처럼, 해안선이 복잡할수록 길이가 무한히 늘어난다.

복잡한 해안선을 나타낼 때 코크의 눈송이 곡선을 그리는 방법을 이용할 수 있다. 물론 해안선이 눈송이 곡선처럼 규칙적이지는 않겠지만 그 복잡성을 세밀하게 표현할 수 있다. 망델브로가 제기한 영국 해안선의 길이를 재는 문제의 답은 코흐 곡선을 그려 보면 알 수 있다. 선분의 길이에 따라 코크 곡선의 길이가 달라지듯, 해안선의 길이도 어떤 자로 재느냐에 따라 달라진다. 눈금이 큰 자로 잴 때보다 눈금이 작은 자로 잴 때 해안선의 길이가 증가하며 무한히 커진다. 그래서 지도만 보고 섣불리 해안선을 돌아다닌다면 목적지까지 가는 데 예상과 달리 엄청난 시간이 걸릴 수 있다.

자기 닮음의 기하학, 프랙털 이론

1917년에 폴란드의 수학자 시에르핀스키Wacław F. Sierpiński가 고안한 삼각형도 코크 곡선과 유사한 과정으로 만들어졌다. 정삼각형에서 각 변의 중점을 연결해 만든 작은 정삼각형 네 개 중 가운데 정삼각형을 지우는 과정을 반복하는 것이다. 남은 세 정삼각형에도 앞의 과정을 반복하면 정삼각형에는 구멍이 점점 많아진다. 이런 과정을 계속 반복하면 처음 삼각형에 남는 것은 점들의 집합이다. 삼각형의 수는 한없이 많아지고 구멍이 점점 많아진 삼각형의 넓이는 무한히 작아져 0에 가까워진다.

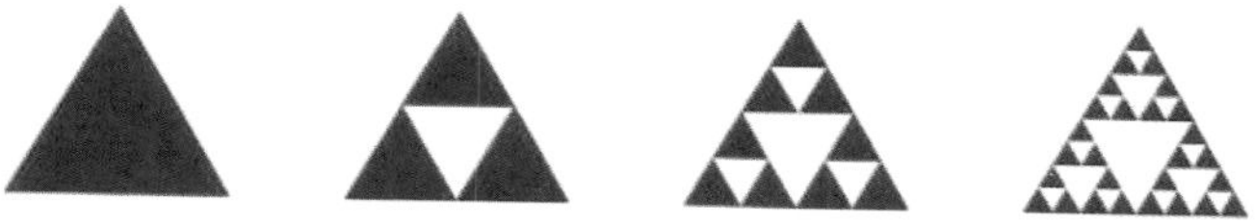

정삼각형의 수가 1개	3개	9개	27개	→	3^n개
정삼각형 한 변의 길이가 1	$\frac{1}{2}$	$\frac{1}{4}$	$\frac{1}{8}$	→	$\frac{1}{2^n}$

코크의 눈송이 곡선이나 시에르핀스키의 도형들은 자기 유사성과 순환성이 있는 형태로, 일부와 전체의 모양이 거의 같다. 이렇게 부분이 전체를 닮는 성질을 자기 유사성self similarity이라고 한다. 망델브로는 자기 유사성이 있는 복잡한 도형을 프랙털fractal이라고 했다. 프랙털은 '부서진'을 뜻하는 라틴어 '프락투스fractus'에서 온 말이다. 같은 어원에서 분열fracture과 파편·분수fraction를 뜻하는 말도 생겼다. 코크 곡선이나 시에르핀스키 삼각형에서 살펴본 것처럼 대개 정수가 아닌 분수 비율로 증가한다는 의미도 있는 것이다.

망델브로는 복소평면에서 복소수 c에 대해 함수 $f(z)=z^2+c$로 정의하고는 $f(z)$, $f(f(z))$, $f(f(f(z)))$, $f(f(f(f(z))))$같이 복제를 하듯 계산을 반복해서 아주 복잡한 구조를 만들었다. 이것을 '망델브로 집합'이라고 한다. 복잡한 함수식을 무한히 반복 계산하면 함숫값도 무한으로 수렴한다. 그

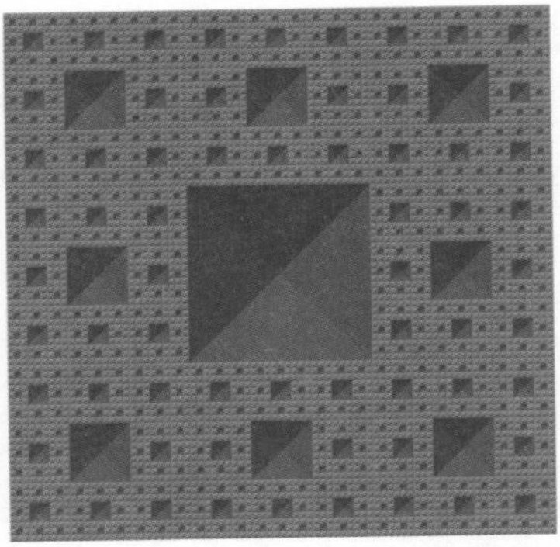

시에르핀스키 삼각형과 같은 방법으로, 정사각형의 각 변을 삼등분해 정사각형을 만들고 가운데 정사각형을 지우는 과정을 반복하면 정사각형의 수가 많아지고 넓이는 무한히 줄어든다. 이런 사각형이 카펫 모양을 닮아서 '시에르핀스키 카펫'이라고 불린다.

오스트리아의 수학자 멩거는 삼차원 프랙털 도형으로 구멍이 숭숭 뚫린 스펀지와 같은 모양을 만들었다. 이것도 무한히 반복하면 부피의 값이 0에 가까워진다. 유한한 부피에 빈 공간을 많이 확보할 수 있어서 활용도가 많다.

리고 이 함수의 그래프는 자연의 눈송이나 해안선, 번개를 연상시키는 그림이 된다. 망델브로는 "구름은 원형이 아니고 산은 원뿔이 아니다. 또 해안선은 원주가 아니며 나무껍질은 매끄럽지 않고 번개는 직선적이지 않다."라고 했다. 이 말처럼 자연에서 프랙털 현상을 많이 볼 수 있다.

생명체의 순환 기관이나 호흡기관에도 프랙털 구조가 있다. 유한한 공간인 몸속 구석구석에 효율적으로 산소와 혈액을 운반하려면 유한한 부피에 무한한 길이와 공간을 확보하는 프랙털 구조로 세포와 혈관을 배치하는 것이 이상적이다. 그래서 우리 몸에도 프랙털 형태가 있다. 폐의 허파꽈리가 브로콜리 같은 프랙털 형태로 산소 운반의 효율을 높인다. 또 대동맥에서 갈라진 관상동맥과 혈관들이 더 작은 혈관과 미세한 실핏줄

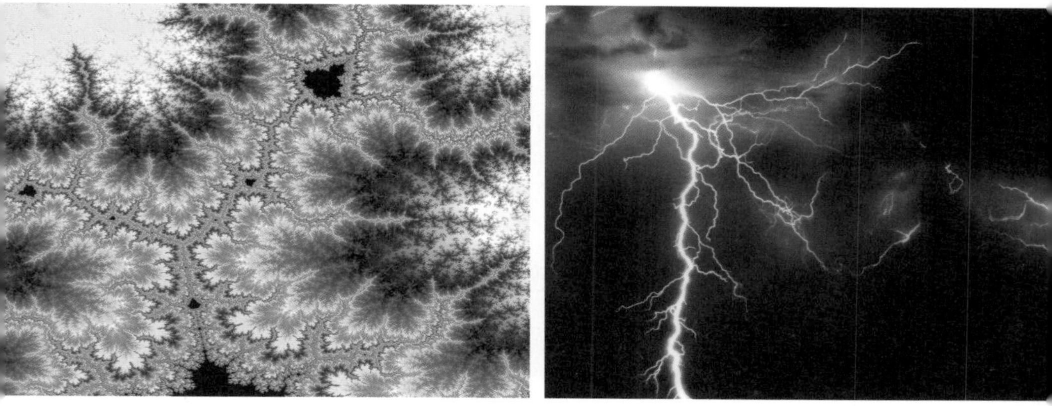

망델브로 집합을 컴퓨터 그래픽으로 그린 것(왼쪽)과 번개를 찍은 사진에서 프랙털 모양을 볼 수 있다.

로 갈라지는 모양이 유한한 넓이에 무한한 길이를 가질 수 있도록 프랙털 형태다. 뇌도 큰 주름에 작은 주름이 들어 있고 그 안에 더 작은 주름이 들어 있는데, 이런 모양도 유한한 넓이의 뇌 공간 안에 더 많은 뇌세포를 배치하기 위한 것이다.

1975년에 처음 나온 프랙털 도형의 개념은 새로운 기하학 이론을 만들어 냈다. 이 프랙털 기하학은 수학뿐 아니라 통계학, 물리, 화학, 생리학에 큰 영향을 끼치며 활용 영역을 넓히고 있다. 프랙털 현상의 모의실험을 통해 은하계의 집단 분포를 나타낼 수 있으며 해류 현상이나 에너지가 퍼져 나가는 모양도 분석할 수 있다. 연기나 황사가 퍼지는 현상, 기압의 움직임, 토네이도나 태풍 현상, 방사능이나 전염병이 퍼지는 현상을 예측할 수 있다. 자연과 사회의 다양한 분포 문제를 연구하는 데 프랙털 이론을 이용하고, 예측할 수 없는 현상들을 수식으로 표현해서 컴퓨터로 계산하는 것이다. 경제학 이론에도 적용해 프랙털 그래프의 모양으로 재무 체계와 금융 구조의 변화를 진단, 예측할 수 있으며 면역체계, 환경오염, 조직 운영, 여론의 추이 등 현대의 다양한 분야에 활용할 수 있다.

오늘날 컴퓨터는 아주 복잡한 방정식을 다루고 놀라운 속도로 수치를 계산해 프랙털 기하학의 그래프를 그린다. 프랙털 이론은 무엇보다 아름다운 자연을 그대로 표현할 수 있는 수학이다. 프랙털 기하학으로 산과 해안의 지형, 햇빛과 구름, 불꽃 등 매우 복잡하고 불규칙한 자연의 모습을 세밀하게 나타낼 수 있다. 최근 프랙털 이론은 컴퓨터 그래픽에 크게 응용되고 있다. 자연계의 복잡한 풍경을 컴퓨터 그래픽으로 실물과 똑같이 묘사해서 영화의 배경 화면이나 예술 작품에도 이용한다.

3

게임의 확률과 14면체 주사위

사막의 초원 라스베이거스

라스베이거스에서 연말을 보낼 기회가 우연히 생겨 그곳으로 날아갔다. 네바다 주의 황량한 사막 한가운데 세워진 도시 라스베이거스는 비가 내리지 않는 곳이지만 스페인어로 '초원'을 뜻하는 이름이다. 이곳을 발견한 스페인 사람들이 메마른 계곡의 깊은 샘에서 물을 끌어오면서 붙인 이름이라고 한다. 1931년에 네바다 주가 도박을 합법화하면서 이곳에 화려한 호텔들이 들어서고 카지노와 쇼로 유명한 유흥의 도시가 건설되었다. 그리고 1936년에 후버 댐이 완공되고 인공 호수인 미드 호가 생겨서 물과 전력이 풍부해졌다. 사막에 자리한 도시가 비로소 비옥한 '초원'이 된 것이다.

라스베이거스 공항은 시내에 있어서 비행기가 착륙하기 전에 도시의 화려한 경관이 한눈에 보였다. 활주로처럼 뻗은 대로를 따라 독특한 건

라스베이거스의 대로를 따라 호화로운 호텔들이 들어서 불야성을 이룬다.

축을 자랑하는 호화로운 호텔들이 이어져 있었다. 뉴욕과 파리 등 세계적인 도시의 랜드마크를 재현한 호텔도 있고, 이집트 신전이나 동화 속 궁전처럼 꾸며 놓은 호텔도 있다. 대기권을 뚫을 듯이 350미터 높이로 솟은 호텔의 꼭대기에 설치된 놀이기구는 하늘로 솟구치는 짜릿한 기분을 맛보려는 사람들에게 인기가 높다.

호화 호텔 여기저기에 들어가서 구경하고 재미 삼아 게임을 해 보기도 하면서 즐거운 시간을 보냈다. 대부분의 호텔이 1층에서부터 대형 룰렛과 슬롯머신을 줄지어 놓았고, 카드와 주사위 게임을 즐기는 사람들이 많았다. 낮에는 호텔을 돌아다니며 구경하다가 저녁에는 마술이나 춤을 곁들인 쇼를 보았다. 호텔마다 진행하는 화려한 쇼 중에는 이름난 것도 많다. 한 호텔을 구경하다 사람들이 몰려 있는 곳이 눈에 띄었는데, 마침 카드 게임이 벌어지고 있었다. 드라마에서처럼 정말 누군가의 인생 역전이라도 펼쳐지는지 궁금해서 그곳으로 가 보았다.

라스베이거스에서 가장 유명한 게임은 포커나 블랙잭 같은 카드 게임이다. 블랙잭은 딜러와 대결해 카드 숫자의 합이 21에 가까울수록 이긴다. 미국의 어느 수학자가 블랙잭 필승 전략의 확률을 계산한 책을 내기도 했지만, 실제 상황과 확률이 꼭 맞아떨어지지는 않을 것이다. 확률은 수많은 시행을 한 결과 어떤 사건이 일어날 경우의 수가 특정한 값에 가까워지는 것일 뿐이고, 몇 번의 시행으로 수학적 확률이 반드시 일치하지는 않기 때문이다.

카드 게임에서 카드는 하트, 다이아몬드, 스페이드, 클로버 등 네 가지 모양이 있고 모양마다 2~10, J, Q, K, A 등 열세 장의 카드가 있어서 조커를 빼면 모두 쉰두 장이다. 포커는 이 중 다섯 장으로 조합의 패를 만든다. 그럼 패를 만들 수 있는 경우의 수는 259만 8960가지다. 각 패가 생길 경우의 수를 구하면 확률도 알 수 있다.

$$_{52}C_5 = \frac{52\times51\times50\times49\times48}{5\times4\times3\times2\times1} = 2598960$$

여기서 포커의 최고점인 로열 스트레이트 플러시는 네 종류뿐이므로 확률은 $\frac{4}{2598960} = \frac{1}{649740}$, 약 0.0000015이다. 즉 100만 번을 해야 한두 번 나올까 말까 한 경우에 해당한다. 포커에서 최고의 패를 쥐거나 로또를 맞힐 확률이 벼락을 맞을 확률만큼 낮지만, 돈벼락을 맞는 사람이 계속 생기는 게 현실이다. 이렇게 확률이 실제 상황과 꼭 맞아떨어지지는 않기 때문에 확률에 도전하는 사람들이 생기지 않을까?

14면체 주사위, '목제 주령구'

카지노에서 가장 시끌벅적한 곳은 주사위 게임장이다. 주사위 두 개를 던져서 눈의 합으로 승패를 결정하는 '크랩스' 같은 게임이 인기 있었다. 주사위를 던질 때마다 참가자들의 환호가 터지고 흥겨운 분위기를 만들어 구경만 해도 즐거웠다. 주사위 두 개를 던질 때 나올 경우의 수는 36이고 눈의 합이 7일 확률이 가장 높다. 이 경우는 여섯 가지로 확률이 $\frac{1}{6}(\frac{6}{36})$이다.

주사위는 인류의 가장 오래된 놀이 도구다. 대부분의 고대 문명 유적지에서 주사위가 발굴되었는데, 놀이에 앞서 주술적인 종교의식에 쓰는 신성한 기구였다. 주사위를 던져 중요한 판단을 내렸고, 그 확률의 결과는 신의 결정같이 믿었다. 동물의 뼈, 조약돌, 도자기로 만든 주사위도 있다. 세계 각지에서 놀이나 주술에 이용하던 주사위들은 모양도 여러 가지다. 기원전 3500년 무렵 양의 뒤꿈치 뼈로 만든 주사위는 4면체로, 각 면에 표시를 해서 놀이에 쓴 것으로 보인다. 인도에서는 피라미드 같은 사각뿔과 8면체 주사위가 사용되었다는 기록이 있다. 또 기원전 600년 중국이나 바빌로니아의 유물로 발견된 주사위는 지금의 모양과 같은 정육면체다.

우리나라의 경우 신라에 독특한 모양의 '목제 주령구'가 있었다. 14면이나 되는 이 주사위는 1975년 경주 안압지에서 유물 1만 7500여 점과 함께 출토되었으나 어처구니없게도 이제 존재하지 않는다. 주사위의 수

복제한 목제 주령구와 전개도(국립경주박물관 안압지관). 정면에 보이는 글귀 '공영시과(空詠詩過)'는 '시 한 수 읊기' 벌칙이다.

분을 없애려고 전기 오븐에 넣어 말리다가 한 줌 재가 되고 만 것이다. 당시 안압지에서는 길이가 6미터 이상인 큰 배도 나왔는데, 아무런 준비 없이 배를 밧줄로만 끌어 올리다가 두 동강을 내기도 했다. 1000여 년 전의 귀중한 14면체 주사위는 진품이 없어진 채 복제품만 국립경주박물관 안압지관에 전시되고 있다.

목제 주령구는 4.8센티미터 높이에 정사각형 여섯 개와 육각형 여덟 개가 면을 이루는데, 육각형은 삼각형의 모서리를 조금씩 깎은 모양이다. '목제 주령구'라는 이름에는 술酒을 마시면서 명령을 내리는令 나무로 만든 기구라는 뜻이 있다. 놀이에 쓰던 주사위인 것을 알 수 있다. 주령구의 열네 면에 작은 글자들이 새겨져 있는데, 그 내용은 주사위를 던진 사람이 당할 벌칙이다. '술 석 잔 마시기'나 '시 한 수 읊기', '노래 부르기' 등 풍류가 있는 벌칙과 '소리 없이 춤추기', '얼굴 간질여도 꼼짝 않기',

'코 때리기'같이 익살스러운 벌칙이 있다.

그런데 목제 주령구는 정다면체가 아니기 때문에 각 면이 나올 확률이 똑같지 않다. 그래도 주사위 구실을 제대로 할 수 있었을까? 목제 주령구를 이루는 면의 넓이를 계산해 보자. 정사각형은 한 변의 길이가 2.5센티미터고 넓이는 6.25제곱센티미터다. 또 육각형의 넓이는 6.265제곱센티미터로 정사각형과 거의 비슷하다. 이렇게 각 면의 넓이가 비슷해 주사위 기능을 할 수 있었다.

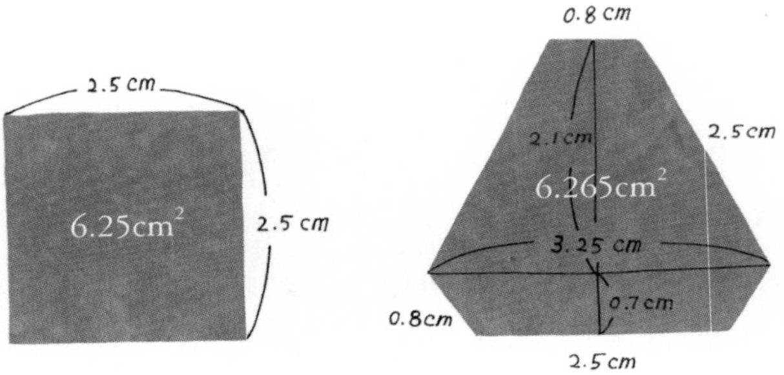

실제로 한 대학의 수학과 학생들이 실험해 보니 각 면이 나올 확률도 거의 같았다고 한다. 목제 주령구와 같은 모양으로 주사위를 만들어서 7000번 던져 본 결과, 평균 500회(7000÷14)에 가까운 값이 나왔으며 가장 많이 나온 면과 가장 적게 나온 면의 횟수도 비슷했다. 목제 주령구의 어떤 벌칙이든 확률이 $\frac{1}{14}$에 가까운 것이다. 목제 주령구가 아주 훌륭한 주사위였음을 알 수 있다. 일반적인 정육면체 주사위는 벌칙이 여섯 가지밖에 안 되지만 목제 주령구는 벌칙이 열네 가지나 되니 분명히 아주 흥겨운 놀이 도구였을 것이다.

목제 주령구와 같은 14면체는 정육면체나 정팔면체 같은 정다면체의 꼭짓점이나 모서리를 깎아서 만드는데, 이때 삼각형이나 사각형 단면이 새로 생기면서 면의 수가 늘어난다. 이렇게 정다면체를 깎아서 만든 다면체를 '깎은 정다면체'나 '준정다면체'라고 한다. 1960년대 월드컵 축구 대회에서 쓴 축구공이 14면체다. 2002년 한일 월드컵에서 쓴 축구공은 32면체로 정20면체를 깎아 만든 것이다. 이 정20면체는 꼭짓점 12개와 정삼각형 면 20개로 이루어졌는데, 열두 꼭짓점을 잘라 내 정오각형이 12개 생기고 정삼각형 면은 정육각형이 된다. 이렇게 정오각형 12개와 정육각형 20개로 된 32면체 축구공이 만들어진 것이다. 이 '깎은 정20면체' 축구공은 꼭짓점이 60개, 모서리가 90개가 되므로 정20면체보다 구에 가까운 모양이 되고 내구성도 좋아졌다.

정20면체, 깎은 정20면체, 2002년 월드컵 공식 축구공

축구공이라는 별명이 붙은 탄소 분자 C_{60}도 '깎은 정20면체'의 꼭짓점 60개에 탄소 원자가 하나씩 있는 것이다. 수많은 발길질을 견뎌 내는 축구공처럼 C_{60}은 높은 온도와 압력에도 견딜 만큼 내구성이 강한 구조로 방사능에 대한 저항력도 크다. 이 탄소 분자는 미국의 건축가 풀러

1967년 몬트리올 세계박람회에서 선보인 지오데식 돔.

Buckminster Fuller가 설계한 '지오데식 돔'과 유사한 모양이라서 '버키볼'이란 별명이 붙었고, 이런 구조의 탄소 분자들을 '풀러린'이라고 한다. 지오데식 돔은 정20면체의 정삼각형 면을 합동인 수많은 정삼각형으로 분할해서 구와 닮은 형태로 만드는 경우가 많다. 구는 같은 부피의 입체도형 중에서 겉넓이가 가장 작다. 그래서 구와 유사한 지오데식 돔은 다른 건축물보다 적은 재료를 쓰고도 넓은 공간을 가질 수 있다. 지오데식 돔은 1967년 몬트리올 세계박람회에서 미국관으로 처음 지어졌다. 그 후 이 돔은 구조가 안정적이고 견고한 데다 아주 가벼워서 전시회장이나 경기장 등 다양한 건축물에 활용되고 있다.

콜로라도 강의 거대한 후버 댐

휘황한 라스베이거스를 벗어나 한나절 동안 후버 댐에 다녀오기로 했다. 라스베이거스에서 한 시간 거리에는 후버 댐이 있고, 더 멀리 나가면 그랜드캐니언과 데스밸리가 있다. 호텔 앞에서 버스를 타고 화성을 방불케 하는 붉은 사암으로 덮인 바위 계곡을 지나갔다. 이 주변에 선사시대의 기호로 보이는 무늬가 새겨진 곳이 있다는데, 사람이 살 수 없을 것 같아 보이는 황량한 사막지대에서 1만 년 전에 인류가 살았다는 사실이 믿기지 않았다. 근방의 모하비 사막에서는 모하비 인디언이 살았고 인디언 보호구역도 있다.

얼마 있다 협곡 깊숙한 곳에서 거대한 시멘트 구조물이 나타났다. 후버 댐의 모습은 아름답고도 장엄했다. 붉은 바위 계곡 사이에 하얀 콘크리트 댐, 그리고 푸른 호수와 콜로라도 강이 드넓게 펼쳐졌다. 댐을 가로질러 계곡에 걸친 아치교도 아름다웠다. 후버 댐은 애리조나 주와 네바다 주가 만나는 험준한 협곡에서 콜로라도 강을 막아 지었다. 네바다 주가 도박을 합법화한 해에 후버Herbert Hoover 대통령이 대공황 타개를 위해 착공했고, 댐의 완성으로 미국 최대의 인공호수인 미드 호가 생겨 물이 부족한 네바다 주와 캘리포니아 주의 식수원으로 활용되고 있다.

막대한 수압을 견디도록 부채꼴 아치처럼 만들어진 후버 댐은 길이가 411미터, 높이는 221미터로 세계 최대 콘크리트 건축물로 꼽힌다. 댐에 들어간 시멘트가 미 대륙을 횡단하는 도로를 만들 만큼의 양이라고 하니, 대단한 규모다. 안전모를 쓰고 댐 안을 둘러보는 코스가 있어서 어마어마한 저수량과 발전량에 대한 해설을 듣고 발전기도 구경했다. 발전기 열일곱 대의 모습도 댐의 외관만큼이나 장관이다. 〈트랜스포머

1930년대에 콜로라도 강의 거대한 협곡에 건설한 후버 댐. 2010년에 아치교가 완공되어 후버 댐과 콜로라도 강의 절경을 한눈에 볼 수 있다.

Transformers〉, 〈슈퍼맨Superman〉 같은 할리우드 영화에 자주 등장하는 이유를 알 것 같았다. 댐을 완공했을 때 세계 최대 규모의 전기 설비와 발전량을 자랑했다고 한다. 사막의 한가운데 자리한 라스베이거스에 물 걱정 없이 네온사인이 화려할 수 있는 것은 후버 댐 덕분이다.

후버 댐을 보고 나오니 과일 행상이 눈에 띄었다. 사막에서 수분이 풍부한 과일을 보니 반가워서 한달음에 멜론과 오렌지를 샀다. 과일 가격이 워낙 싼 데다 북아메리카에서 나는 속이 붉은 멜론이 알맞게 익어 먹음직스러웠다. 10달러짜리 지폐 한 장을 내고 과일값 4달러 30센트를 치르는데, 상인의 거스름돈 계산이 너무 서툴렀다. 그 계산법을 보고 있자니 나까지 헷갈리려고 했다. 그 상인은 1달러 지폐를 한 장씩 세면서 5달러부터 내 손에 건네더니 10센트 동전도 그런 식으로 세면서 지폐 위에 얹어 놓았다. 슬로비디오처럼 행동까지 느려서 나는 답답한 표정을 감출 수 없었다. 사실 미국을 돌아다니는 동안 이런 일을 심심찮게 겪었다. 웬만한 상점에서는 자동으로 거스름돈이 계산되어 나오지만, 길거리 가게에서 간단한 물건을 사고 거스름돈을 받을라치면 상인의 계산이 느린 데다 방법도 특이했다. 셈이 우리처럼 빠르지 못하기도 하지만, 근본적으로 셈법이 다르다. 우리는 거스름돈을 계산할 때 뺄셈을 쓰고, 그들은 덧셈을 쓰는 것이다. 이런 셈법은 유럽에서도 쓰이니, 서양 사람들의 계산 방식이다. 물건값이 4달러 30센트일 때 10달러를 내면 우리는 재빨리 뺄셈을 해 5달러 70센트를 건네준다. 우리식 계산법은 전체에서 빼는 것이고, 서양식 계산법은 한 단계씩 올라가며 더하는 것이다. 그들은 뺄셈뿐 아니라 곱셈도 서툴고 간단한 셈까지 계산기에 의존하는 경우가 많다.

미국에서는 초등학교부터 수학 시간에 계산기 사용을 허용한다. 그러니 학생들이 계산기가 없으면 간단한 계산도 못 하는 실정이다. 수학이 계산 능력만 향상하는 것이 아니라 논리적인 사고를 높인다는 면에서 계산기 사용에 문제가 없다고 주장한다. 하지만 초등학교 때부터 계산기에 길든 미국인들의 계산 능력이 종종 문제로 지적되고, 수학 교육자들 사이에서도 초등 수학 교육에서 계산기의 사용이 적절한지에 대한 의견이 분분하다. 그러고 보니 미국 팁 문화가 귀찮은 거스름돈 계산을 생략해 버리기 위해 생기지 않았을까 싶기도 하다. 팁은 대개 10~20퍼센트 정도 주는데, 음식값에 (각 주마다 다른 세율로) 세금이 붙는 데다 팁까지 있으니 식당에서 계산서를 받으면 머리가 복잡해진다. 거스름돈은 이리저리 다 떼이기 마련이다. 그래서 아예 포기하고 "킵 더 체인지!Keep the change!"라고 내뱉는 경우가 많다.

도량형의 혼란, 야드파운드법

미국은 도량형 체계도 우리와 달라서 불편한 점이 많다. 길이, 부피, 무게는 물론이고 거리와 온도 측정 단위까지 달랐다. 온도는 화씨온도℉를 쓰는데, 이것은 물이 어는점과 끓는점을 각각 32도와 212도로 하고 그 사이를 180등분한 온도 단위다. 섭씨온도℃를 화씨온도로 바꿀 때는 '섭씨온도×1.8+32'를 쓰면 된다. 기온이 100도를 훌쩍 넘길 때가 종종 있어 온도계를 보고 놀라기도 한다.

한번은 관공서에서 서류에 키와 몸무게를 적어야 했는데, 내가 깜박해서 미터법으로 적어 냈다. 다행히 친절한 담당 직원이 도량형 표를 보고 계산해서 고쳐 주었다. 그런데 일 처리를 이렇게 하니 간단한 용무에도 몇 십 분이 걸렸다. 뒷사람의 눈총이 따가울 법한 일이지만 매사에 서두르지 않는 사람들이라 느긋하게 기다려 준다. 계산을 빨리 하지도 못하면서 국제 표준 단위를 쓰지 않는 그들이 조금은 답답해 보였다.

미국은 미터법 대신 야드파운드법을 쓰기 때문에 키는 피트와 인치, 몸무게는 파운드로 표시한다. 이런 단위는 유럽에서 중세부터 관습적으로 쓰였다. 1야드는 약 91센티미터, 1파운드는 약 450그램이다. 길이의 최소 단위인 인치는 엄지손가락 첫 마디의 길이, 인치의 열두 배인 피트는 발 길이, 피트의 세 배인 야드는 팔을 뻗었을 때 코끝에서 엄지손가락까지의 길이에서 왔다고 한다. 또 걸음으로 거리를 잰 데서 유래한 마일은 왼발과 오른발을 한 번씩 뻗은 길이의 1000배를 나타낸다.

무게의 단위로는 파운드뿐만 아니라 온스가 있고, 부피 단위로는 쿼트와 갤런을 사용한다. 아이스크림을 살 때 들어 본 파인트와 뉴스에서 국제 유가를 알려 줄 때 쓰는 배럴도 야드파운드법의 부피 단위다. 상점에서 파는 우유와 고기는 쿼트와 파운드로 표시되고, 자동차에 넣는 휘발유는 쿼트의 네 배인 갤런으로 표시된다. 이런 단위에 익숙하지 않을 때는 식품과 휘발유 가격이 우리나라에 비해 아주 싼 것도 실감하지 못했다.

도량형 차이는 생활의 사소한 혼란에 그치지 않고 중요한 일에서 문제를 일으킬 수 있다. 실제로 미국에서 도량형의 차이가 엄청난 손실을 가져왔다. 1999년에 미국의 화성 탐사선이 지구에서 1억 킬로미터 이상 날아가 화성 대기권에 진입하던 중에 사라져 버린 것이다. 사고의 원인을 알아보니, 제작사인 록히드마틴과 미국항공우주국NASA이 각각 야드파운드법과 미터법을 계산에 썼다고 한다. 도량형을 다르게 쓴 바람에 수억 달러짜리 탐사선은 파괴되고 말았다. 아무리 생각해도 세계 최고를 자랑하는 첨단 과학자 집단이 어떻게 그런 실수를 했는지 도무지 이해가 되지 않지만, 어쨌든 단위 통일이 얼마나 중요한지를 깨닫게 한 사건이다. 그 뒤 미국항공우주국은 앞으로 우주 탐사에서는 미터법을 사용하겠다고 공식적으로 밝혔다.

미국에서 미터법을 채택하는 문제는 종종 제기되어 왔다. 최근에는 한 대선 후보자의 발언으로 다시금 거론되기도 했다. 하지만 새로운 도량형을 도입하는 문제는 그리 간단하지 않아서 미국의 오만한 자존심이라고 탓할 일만은 아니다. 오랜 관습을 강제적으로 없애면서 오게 될 체계의

로스앤젤레스의 패서디나에 있는 미항공우주국의 제트추진 연구소에 전시된 화성 탐사 로봇 '큐리오시티'의 모습이다. 록히드항공사도 이 지역에서 처음 출범했다.

혼란과 더불어 경제가치 면에서도 따져봐야 할 것들도 너무나 많기 때문이다. 전 세계적으로 미터법을 채택하지 않고 있는 나라는 미국을 비롯해 미얀마와 라이베리아 등 세 곳뿐이고, 야드파운드법을 만든 영국조차 1965년부터 미터법을 도입했다. 하지만 영국도 여전히 도량형 체계의 혼란을 겪고 있는 실정이어서 마일, 갤런 단위가 공공연하게 사용되고 파운드, 온스 같은 전통적인 단위는 뿌리 깊은 관습으로 남아서 쓰인다. 이런 사정으로 2012년 런던올림픽을 앞두고 영국 의회에서 국제대회를 개최할 때 발생할 도량형 체계의 혼란을 막기 위한 특별 조치의 필요성이 제기되기도 했지만, 오랜 관습을 하루아침에 청산하기는 힘들었다. 우리도 1960년대부터 미터법을 법제화했지만 여전히 자·되·근·평 같은 관습적인 도량형 단위들이 일상생활에서 함께 쓰였고, 최근에야 이런 단위의 사용 금지를 강제하고 있다.

9 7013 37168
57099
LOVE
I ♥ NY

6

밀레니엄 시대의 수학을 만나다

미국 수학 2

1

현대 미술과 위상수학의 세계

맨해튼에서 '브로드웨이 부기우기'

샌프란시스코를 출발한 비행기는 여섯 시간 만에 뉴욕 J. F. 케네디 공항에 도착했다. 미국의 서부 끝에서 동부에 이르는 북아메리카 대륙 횡단 비행을 한 셈이다. 비행 거리가 4800킬로미터가 넘고 시차도 세 시간이나 있다. 자동차는 대서양 연안을 따라 달려서 어퍼 뉴욕 만을 돌고 브루클린 다리를 건넜다. 미국에서 가장 큰 도시인 뉴욕은 대서양 연안 허드슨 강 어귀에 있다. 미국은 독립전쟁을 치른 뒤에 첫 수도를 뉴욕 시로 정했다. 이곳에서 연방 공화국의 새 헌법이 제정되었고, 1789년에 워싱턴George Washington이 초대 대통령으로 취임했다. 이듬해에 수도는 워싱턴 D. C.로 옮겨졌으나 뉴욕 시는 맨해튼과 브루클린, 퀸스 등 자치구들이 합쳐지고 세계 최고의 금융, 상업, 문화 중심지가 되었다.

드디어 뉴욕 시의 핵심 지구인 맨해튼 섬으로 들어갔다. 뉴욕의 시가

미국에서 가장 큰 도시 뉴욕의 맨해튼.

지는 자를 대고 그은 것처럼 반듯한 바둑판 모양이다. 유럽의 시가지가 오래된 광장을 중심에 두고 방사형으로 뻗은 것과 달리, 신대륙 개척지인 미국의 도시는 대부분 격자형으로 시가지가 형성되었다. 특히 고층 빌딩이 숲을 이룬 맨해튼은 직사각형 블록이 사방으로 뻗어 있는데, 한 블록의 길이가 보통 100미터를 조금 밑도는 정도다. 몬드리안Piet Mondrian은 〈브로드웨이 부기우기Broadway Boogie-Woogie〉라는 작품에서 빨강, 파랑, 노랑의 직사각형과 선들로 맨해튼의 남북으로 난 애버뉴와 동서로 난 스트리트를 묘사했다.

브로드웨이 극장가와 42번가에 걸친 삼각지대의 타임스스퀘어는 화려한 광고판과 북적이는 인파로 뉴욕의 활력을 느낄 수 있었다. 새해

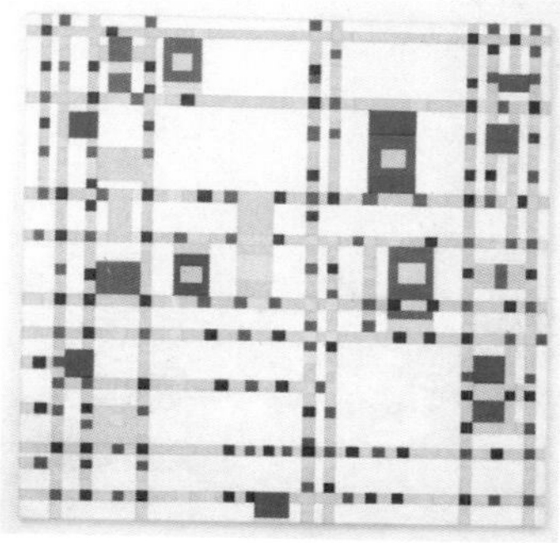

뉴욕의 번화가를 대표하는 브로드웨이 타임스스퀘어. 몬드리안의 〈브로드웨이 부기우기〉(오른쪽)는 뉴욕 맨해튼 거리를 기하학적인 선과 면으로 표현한 작품이다.

를 맞는 카운트다운 행사가 벌어지는 이곳의 이름은 《뉴욕타임스The New York Times》 사옥이 들어선 데서 유래한다. 가까운 거리에 사자상들이 지키는 뉴욕도서관이 있고, 여기에 제퍼슨이 쓴 〈미국독립선언Declaration of Independence〉 원고가 보관되어 있다. 이스트 강 방향으로 계속 가면 국제연합UN 본부 건물이 나오고, 그보다 몇 블록 위의 록펠러 센터 앞 광장은 화려한 크리스마스 트리와 스케이트장으로 유명하다. 영화 〈대부The Godfather〉에 나온 웅장한 세인트패트릭대성당도 여기에 있다.

맨해튼 마천루의 상징이 된 지 오래된 엠파이어 스테이트 빌딩에 올랐

한때 세계에서 가장 높은 건물이던 엠파이어 스테이트 빌딩이 뉴욕의 상징답게 우뚝 솟아 있다.

다. 381미터(현재는 안테나 높이까지 더해 443미터) 높이에 102층인 이 건물은 완공되던 1931년에 세계에서 가장 높은 빌딩이었다. 1970년대에 이미 세계무역센터에 최고층 건물의 자리는 내주었지만 상징성은 여전하다. 엘리베이터를 타고 전망대에 가서 사방으로 펼쳐진 뉴욕의 경치를 바라보았다. 맨해튼의 빌딩 숲이 발밑에 있고, 대서양 해안과 허드슨 강의 아름다운 경치도 한눈에 들어왔다.

맨해튼 섬을 따라 흐르는 허드슨 강은, 1609년에 배로 뉴욕 만에서 이 강을 거슬러 올라와 맨해튼 섬을 발견한 영국의 항해가 허드슨Henry Hudson

의 이름이 붙었다. 농경지로 이용할 땅이 무한한 섬이 있다는 허드슨의 보고서가 유럽에 알려지면서 몰려든 유럽인들이 처음 정착한 곳이 바로 지금의 월 가다. 당시 원주민들의 침입을 막으려고 쌓은 성벽wall에서 거리 이름이 유래한다. 1792년에 증권거래소가 생기고 금융업이 자리 잡으면서 거리가 명성을 떨치게 되었다. 월 가에는 '퀀트quant'라고 불리는 금융 전문가들이 있는데, 이들은 수학 이론을 활용해 금융 상품을 개발하고 가치를 계산하며 위험을 관리한다. 현대의 금융 산업은 복잡한 수학 지식을 요구하고 응용수학을 활용해 왔으며 이에 맞춰 수학자들은 새로운 이론과 공식을 만들어 낸다.

월 가 옆에는 다시 태어난 그라운드 제로 지구가 있다. 핵폭탄이 터진 자리나 그만큼 엄청난 재앙의 현장을 가리키는 그라운드 제로라는 말을 2차세계대전 때 원폭이 투하된 나가사키와 히로시마에 이어 뉴욕에서도 쓰게 되었다. 2001년에 9·11테러로 세계무역센터 건물이 붕괴되었기 때문이다. 그런데 이제 재건 사업으로 이 자리에 9·11기념관이 들어서고 540미터 높이로 새로운 세계무역센터도 들어선 것이다.

아치 탑이 아름다운 브루클린 다리로 발길을 돌렸다. 먹을거리가 넘치는 남쪽 항구에서 허기를 채운 다음 배를 타고 자유의 여신상을 보러 갔다. 섬이 가까울수록 여신상의 모습이 점점 거대해 보였다. 작은 섬을 단상처럼 딛고 우뚝 선 '자유의 여신'은 횃불을 쥔 오른손을 높이 치켜들고 왼손에는 독립선언서를 들었다. 족쇄를 밟고 있는 발은 자유와 독립을 상징한다. 이 여신상은 미국 독립 100주년을 기념해 프랑스가 만들어 기증한 것으로 에펠이 설계에 참여했고, 완성된 작품이 1885년에 배에 실려 뉴욕으로 옮겨졌다고 한다. 여신의 키는 약 34미터고 횃불까지의 높

자유의 여신상은 미국의 독립 100주년을 맞아 프랑스에서 만들어 기증한 것이다.

이는 약 46미터다. 이 거대한 여신상을 받침대 위에 올려서 전체 높이는 두 배가 되었다.

추상화, 현대 수학의 세계를 보다

맨해튼 섬 한가운데에는 59번가부터 110번가에 걸쳐 3.4제곱킬로미터 넓이에 센트럴파크가 조성되었다. 울창한 숲과 호수가 있는 공원에 노천극장, 음악당, 동물원, 스케이트장도 갖춰 많은 뉴요커가 휴식을 즐긴다. 런던 템스 강변에 세워진 오벨리스크와 쌍을 이루는 '클레오파트라의 바늘'도 이곳에 있다.

뉴요커들의 사랑을 받는 센트럴파크.

센트럴파크 위쪽에는 주거가 열악하다고 알려진 할렘이 있는데, 길을 잘못 들어 우연히 이 지역에 갔다가 페인트칠이 전혀 안 된 시멘트 건물이 늘어선 모습에 무척 놀랐다. 하지만 최근에는 이곳도 활기차게 개발되고 있으며 스티비 원더Stevie Wonder와 마이클 잭슨Michael Jackson 등 수많은 스타를 탄생시킨 아폴로 극장 같은 공연장은 가 볼 만한 명소로 꼽힌다.

센트럴파크에는 미국 최대 미술관인 메트로폴리탄미술관도 자리한다. 신고전주의 양식의 거대한 기둥을 지나 박물관 입구에서 날마다 색이 다르다는 배지를 받아 달고서 전시관으로 들어갔다. 1층에는 고대 신전을 옮겨 놓은 듯이 이집트를 비롯한 바빌로니아, 그리스와 로마의 고대 유물

뉴욕의 현대미술을 이끄는 구겐하임미술관.

과 귀중한 예술품들이 방대하게 전시되어 있었다. 전시실마다 회화, 조각, 공예 작품이 빼곡히 채워졌고 이름난 걸작도 워낙 많아서 미술관 안의 카페테리아에서 식사를 해결하며 온종일 둘러봐도 시간이 모자랐다.

메트로폴리탄미술관 가까이에는 뉴욕을 대표하는 또 다른 미술관인 구겐하임미술관이 있다. 외관이 거대한 순백의 소라를 연상시키는 이 미술관은 아방가르드 작품과 추상화에서 출발해 현대미술을 이끄는 곳이다. 내가 갔을 때는 마침 피카소Pablo Picasso 특별전 중이라 뉴요커들로 북적였다. 나선형으로 이어진 로톤다 전시장의 경사로를 따라 오르내리며 작품을 구경하다가 거대한 〈게르니카Guernica〉를 보았다. 이 작품에서도 드러나듯 피카소는 인간의 고통과 분노, 슬픔을 극대화하기 위해 사물을 단순화하고 추상적으로 표현했다. 1940년대부터 뉴욕의 예술가들은 뉴욕파를 형성하고 현대미술의 발전에 공헌하며 세계 미술계에서 주도적인 구실을 했다. 뉴욕에서 마지막 활동을 펼친 몬드리안의 영향을 받아 극도로 단순한 형태의 추상표현주의가 발전했으며 폴록Jackson Pollock이 대표하는 액션페인팅을 비롯해 팝아트와 초현실주의의 기법들이 모두 뉴욕에서 시작되었다. 구겐하임, 휘트니같이 부유한 가문의 미술품 애호가들이 뉴욕의 전위예술가들을 많이 후원한 공이 크다. 휘트니미술관도 근처에 있는데, 워홀Andy Warhol을 비롯한 많은 현대미술가들의 작품으로 유명하다. 공원 남쪽에 자리한 뉴욕 현대미술관에서도 인상주의, 입체파, 표현주의, 초현실주의 등 현대미술을 대표하는 작품들을 감상할 수 있다. 이곳에서 고흐의 〈별이 빛나는 밤The Starry Night〉, 피카소의 〈아비뇽의 아가씨들Les Demoiselles d'Avignon〉같이 사진으로만 접하던 작품을 직접 볼 수 있었다.

인상주의 회화나 현대미술 작품은 사물을 세밀하게 묘사하지 않고 원근법도 지키지 않는 경우가 많다. 모네가 그린 〈수련〉은 꽃잎의 형태가 무너졌으며 고흐의 작품도 사물의 형태를 알 수 없도록 그렸다. 피카소의 작품에서도 사물을 추상적·기하학적으로 묘사한 것이 보이는데, 볼록한 면을 오히려 움푹 들어가게 그려서 형태를 알아볼 수 없게 표현했다.

20세기 추상화에서는 원근법, 투시도법이 철저히 와해하고 형태도 소멸되었다. 특히 몬드리안은 대상을 수직과 수평이 강조된 선이나 면으로만 지극히 단순화해 기하학적으로 표현했다. 또 뒤샹Marcel Duchamp을 비롯

피카소의 〈아비뇽의 아가씨들〉 같은 현대 추상화 작품은 원근법을 없앴으며 형태를 세밀하게 묘사하지 않고 추상적, 기하학적으로 표현했다.

입체파, 미래파로 불리는 예술가들은 수학에서 영감을 받아 삼차원과 사차원의 공간을 기하학적, 예술적으로 표현했다. 옆의 그림은 뒤샹의 〈계단을 내려오는 누드 넘버 2〉다.

해 입체파, 미래파로 불린 예술가들은 수학에서 영감을 받아 삼차원, 사차원 공간을 예술적으로 표현하려고 했다. 게다가 프랙털 기하학 이론이 나오고부터는 프랙털 아티스트들이 예술의 한 분야를 차지하고 활동했다. 현대 추상화에서 현대 추상 수학의 세계를 엿볼 수 있다.

도형의 모양과 공간의 경계가 없는 위상수학

현대 수학은 도형의 형태를 고려하지 않고 모양과 크기를 따지지 않으며 공간의 경계가 없는 추상 수학이다. 직선과 곡선, 도형의 안과 밖을 구분하지 않으며 경계를 허무는 수학이다. 유클리드 기하학에서 중시되던 모양과 형태를 비유클리드 기하학의 현대 수학에서는 무시하고 위상수학의 세계를 다룬다. 도형을 늘이거나 줄이며 변형할 때 변하지 않고 보존되는 성질을 위상적 성질이라고 한다. 그리고 위상수학은 도형의 모양과 크기를 상관하지 않고 연결 상태만 고려해 변하지 않는 도형의 성질을 연구하는 현대 수학의 주요 분야다. 도형이나 공간의 위치 관계와 형상을 다루는 수학이라는 뜻에서 위상수학이라는 이름이 붙었다.

비유클리드 기하학의 구부러진 곡면과 휘어진 위상공간에서는 도형과 사물의 모양을 얼마든지 바꿀 수 있다. 삼각형과 사각형 같은 평면도형은 고무판처럼 늘였다 줄였다 하며 원형으로도 만들고, 각뿔이나 육면체 같이 구멍이 뚫리지 않은 입체도형을 부풀리면 얼마든지 구형으로 바꿀 수 있다. 형태를 어느 방향으로든 잡아당기며 만들어도 상관없기 때문에 위상수학의 기하학을 고무판 기하학이라고도 한다. 다음 그림을 보면 삼각뿔이나 컵이 구와 같이 되는 경우를 알 수 있고, 손잡이가 있는 머그잔이 어떻게 도넛 같은 모양으로 바뀌는지 알 수 있다. 도넛과 머그잔은 같은 위상의 도형이고, 손잡이가 없는 컵과 손잡이가 있는 머그잔은 다른 위상의 도형이다.

삼각뿔과 손잡이가 없는 컵, 공은 연속성을 가진 변형을 통해 위상적으로 동일한 형태가 된다.

머그잔과 도넛이 서로 위상적 동형임을 보여 준다. 즉 두 물체는 위상적으로 같은 성질을 가진다.

이렇게 위상수학은 도형과 공간의 연속성과 위상적 성질을 연구하는 것이다. 18세기에 오일러는 구멍이 없는 다면체에서 꼭짓점의 수가 V, 변의 수가 E, 면의 수가 F일 때 'V−E+F=2'라는 관계가 성립한다는 것을 밝혔다. 즉 사면체와 육면체 등 구멍이 없는 다면체는 위상적으로 구와 성질이 같다는 것이다. 또 구멍이 하나 있는 다면체라면 'V−E+F=0'이 성립한다. 이 '오일러의 정리'는 도형이 모양에 상관없이 위상적으로 같음을 보여 주는 공식이다. 오일러의 업적에서 출발한 위상수학을 19세기에 리만과 푸앵카레가 기하학 분야에서 발전시켰으며, 20세기에는 정수론과 집합론 분야로 그 연구가 확장되었다. 따라서 고도로 추상화된 위상수학의 바탕 위에 현대 수학의 많은 부분이 형성되었다.

모양과 형태를 고려하지 않고 직선과 곡선이 구별되지 않으며 도형의 안팎 경계도 없는 위상수학의 가장 큰 특징을 수학적으로 표현한 것이 뫼비우스August F. Möbius의 띠다. 위상수학의 선구자인 19세기 독일의 수학자 뫼비우스는 긴 직사각형에서 대변을 180도 비틀고 양 끝을 붙인 곡면 띠를 만들었다. 이 뫼비우스의 띠는 한 면만 있고 안과 밖이 구분되지 않는 신기한 형태다. 보통 띠는 면이 두 개지만, 한 번 꼬아 붙여서 안과 밖을 구분할 수 없는 곡면으로 만든 것이다. 뫼비우스의 띠를 따라 선을 그어 보면 안팎에 모두 선이 그어진다. 또 이렇게 그은 선을 따라 가위로 자르면 끈이 끊어지지 않고 두 번 꼬인 긴 고리 모양이 된다. 이렇게 획기적인 형태의 뫼비우스 띠는 공장에서 쓰는 컨베이어 벨트에도 활용되는데, 원통형의 벨트보다 한 번 꼬아 만든 벨트가 안과 밖 구분 없이 쓸 수 있기 때문에 두 배로 오래 쓰니 더 경제적이다. 이것은 방앗간에서 돌아가는 벨트, 슈퍼마켓의 계산대나 에스컬레이터의 손잡이 벨트 등에도 사용된다.

뫼비우스 띠를 만드는 방법

독일의 수학자 클라인이 고안한 '클라인 병'을 유리로 만든 모형.

스위스의 건축가 겸 조각가인 빌의 작품, 〈끝없는 트위스트〉.

뫼비우스 띠의 성질은 현대사회의 모순적인 모습을 표현하려고 하는 예술가들에게 좋은 영감을 주었다. 스위스의 예술가이자 건축가인 빌Max Bill은 뫼비우스 띠로 〈끝없는 트위스트Endless Twist〉라는 작품을 만들었다. 이 작품은 유한한 평면을 뫼비우스의 띠와 같은 곡면으로 만들었을 때 무한히 반복적으로 이어지는 곡면이 생성되는 것을 표현했다. 네덜란드의 판화가 에스허르Maurits C. Escher의 1963년 작품 〈뫼비우스 띠 II: 불개미Mobius Strip II: Red Ants〉도 개미가 끝없는 곡면을 오르는 모습으로 뫼비우스 띠의 성질을 잘 보여 준다.

독일의 수학자 클라인Christian F. Klein이 생각해 낸, 안과 밖의 경계가 없는 곡면은 클라인 병으로 불린다. 면의 양 끝을 붙여 만든 뫼비우스 띠처럼, 공간의 양 끝을 연결해서 만들어 표면이 하나뿐이고 안팎 공간이 구분되지 않는다. 2차원인 직사각형 면을 꼬아 붙인 뫼비우스 띠가 3차원에서 만들어지듯이, 3차원 공간을 가지고 만든 클라인 병은 4차원의 위상공간이 필요하다. 병목이 굽어 병 안으로 뚫고 들어가는 모양으로 보이지만 사실상 클라인 병은 구멍을 뚫지 않고 (공상과학영화에 나오는 것처럼) 공간을 통과해야 하므로 3차원 공간에서 이를 표현하기는 어렵다. 흔히 클라인 병으로 제시된 것들은 병에 구멍을 뚫어 만든 불완전한 모형일 수밖에 없고, 진짜 클라인 병을 만들려면 4차원이 필요하다.

2

지도를 색칠하는 문제 : 4색 이론

미연방의 행정 수도 워싱턴 D. C.

미국은 여러 주가 연합해서 만든 연방 국가다. 미연방의 각 주는 모든 면에서 한 나라에 버금갈 정도로 독립적이고 자치적이다. 행정과 교육 등 제도와 체계가 주마다 다르기 때문에, 다른 주로 이주할 경우에 차량 등록은 물론이고 운전면허 시험까지 다시 보기도 한다. 세금에 관해서도 세율이 아주 높은 주가 있나 하면 부가가치세인 소비세가 아예 없는 주도 있다. 세율이 낮은 주는 대개 보육, 교육, 예술에 대한 공공 지원이 적은 편이고 도로나 다리의 통행료가 비싸다. 또 동부 지역과 서부 지역의 분위기가 다르다는 느낌이 들었다. 미국에서 인구가 가장 밀집된 대도시인 뉴욕의 인상이 강했는지, 동부는 서부에 비해 여유가 없는 편이었다. 이곳의 기후도 사계절이 뚜렷해서 심한 추위와 더위를 겪는다. 이렇게 특성이 다른 50개의 주가 연합해 미국을 이루고 있다.

워싱턴 DC의 전경. 한가운데에 우뚝 솟은 워싱턴기념비와 링컨기념관, 국회의사당, 내셔널 몰이 보인다.

뉴욕에서 남쪽으로 380킬로미터 정도 떨어진 워싱턴 시로 향했다. 워싱턴 컬럼비아 특별구District of Columbia는 백악관과 국회의사당, 연방 정부 기관들이 집중되어 있는 미국의 행정 수도다. 워싱턴 시만큼 국가 행정부가 집중적으로 설립된 수도는 세계적으로 드물다. 워싱턴 시는 애팔래치아산맥에서 발원한 포토맥 강가에 자리하며 북동쪽의 메릴랜드 주, 남서쪽의 버지니아 주와 닿아 있다. 워싱턴이 살던 마운트버넌이 이곳에서 가까운 포토맥 강변에 있다. 자동차로 델라웨어 강을 따라 내려가며 뉴저지 주를 벗어나고 펜실베이니아 주를 지났다. 일찍이 산업이 발달해 미국에서 증권거래소가 가장 먼저 이곳 필라델피아에 설립되었으며, 독립 혁명의 중심지로 초기 연방 정부가 있었다. 미국 독립선언서가 여기에서 1776년 7월 4일에 발표되었다. 또 1861년에 터진 남북전쟁의 격전지였으며 링컨Abraham Lincoln의 연설로 유명한 게티즈버그가 있다. 여기에서 벌어진 전투에서 북군이 이겨 남북전쟁을 승리로 이끌었다.

뉴욕에서 출발한 지 네 시간쯤 지나 워싱턴 시에 도착했다. 강변에는 케네디예술센터가 있고 케네디John F. Kennedy가 묻힌 알링턴 국립묘지가 강 건너에 있다. 링컨기념관과 국회의사당 사이에 내셔널 몰이 펼쳐지는 가운데 워싱턴기념비가 우뚝 서 있다. 1884년에 완공된 것으로 세계 최고를 자랑하는 169.3미터 높이의 오벨리스크다. 전망대에 오르면 워싱턴 시내 전체를 조망할 수 있다. 국회의사당에서부터 백악관으로 이어지는 직각삼각형 연방 삼각지대, 즉 페더럴 트라이앵글에 공공건물 단지가 있다. 연방수사국FBI를 비롯한 연방 정부의 주요 기관이 자리한 이곳에 링컨이 암살된 포드 극장도 있다. 오각형인 건물 배치 때문에 펜타곤으로 불리는 미국 국방부 청사는 워싱턴 시 남쪽에 있다.

타원을 뜻하는 '일립스' 공원을 지나면 백악관이 있다. 원래 1800년에 완공한 건물을 영국과 전쟁을 치른 뒤에 재건하면서 외벽을 하얗게 칠해 '화이트 하우스'라는 이름이 생겼다. 나는 백악관을 구경하는 절차가 덜 까다롭던 9·11테러 전에 내부를 볼 기회가 있었다. 그때 마침 부활절을 맞아 백악관의 동관을 개방했고, 튤립을 심어 꾸민 재클린 정원을 걸어서 역대 대통령 초상화가 걸린 방과 제퍼슨이 식사하던 곳이나 도서관을 구경했다. 백악관이 바라보이는 라파예트 광장에는 시위하는 사람들이 있었다.

넓은 못과 녹지대가 조성된 공원으로 나왔다. 워싱턴 시에는 벚나무가 유난히 많고 해마다 봄이면 벚꽃 축제가 벌어진다. 그런데 그 유래를

오각형으로 배치된 미국 국방부 청사.

알면 씁쓸해진다. 1905년에 가쓰라태프트 밀약으로 일본의 조선 지배를 미국이 묵인해 주었고, 그에 대한 감사 표시로 일본이 선물한 벚나무를 심은 것이기 때문이다. 그리고 미국과 일본의 우호 관계를 다진다는 의미에서 매년 벚꽃 축제까지 벌어진다. 미국이 세계지도에 동해를 '일본해'로 표기한 것도 이 무렵부터다.

그리스 신전 같은 링컨기념관으로 눈을 돌렸다. 거대한 링컨 석상이 있고 벽에는 그의 게티즈버그 연설이 새겨졌다. 여기에서 킹 목사가 1963년에 "나에게는 꿈이 있습니다."라는 첫 문장으로 유명한 연설을 했다. 기념관 앞 계단에 앉아 장대한 전경을 바라보았다. 직사각형 못과 오벨리스크, 내셔널 몰의 박물관들이 일직선 상에 있으며 그 동쪽 끝 지점에 신고전주의 양식의 국회의사당이 자리 잡았다. 꼭대기에 청동 여신상이 있는 흰색 돔 내부는 미국 건국의 역사를 신화적으로 화려하게 표현한 천장화를 비롯해 많은 그림과 조각으로 장식되어 미술관 같았다.

의사당 앞 내셔널 몰은 세계 최대의 박물관 단지로 10여 개의 박물관이 모여 있는데 입장료가 모두 무료다. 주로 스미소니언 재단의 박물관들이며 하나같이 방대하고 훌륭해서 몇 군데만 둘러보기도 힘들 정도다. 그중 가장 인기 높은 곳은 국립항공우주박물관이다. 큰 광장이라고 해도 될 만한 이곳 전시장에 라이트 형제Wilbur & Orville Wright가 개발한 최초의 비행기와 달에 착륙한 아폴로 11호 등 역사적인 비행기들이 하늘을 날 듯 매달려 있다. 아폴로 우주선과 그것의 궤도 진입에 사용된 새턴 로켓이 전시된 곳에 사람들이 몰려 있었다. 새턴 로켓은 인간이 직접 달에 갔다 온다는 아폴로 계획을 위해 미국에서 처음 개발된 것으로 알려졌다.

로켓을 발사해 우주 비행에 성공하려면 지구 중력을 벗어나야 한다. 공중으로 쏘아 올린 물체가 포물선을 그리며 지구 중심 방향으로 떨어지는 것은 지구의 중력이 물체를 끌어 내리는 작용을 하기 때문이다. 그래서 로켓은 강력한 추진력으로 지구의 중력장을 탈출하고 우주 공간으로 날아가야 한다. 이때 로켓이 중력장을 벗어날 수 있는 최소한의 속도를 가져야만 하는데, 이를 지구'탈출속도'라고 한다. 어떤 행성에서 탈출속도를 초속 v(m), 그 행성의 반지름을 r이라고 하면 $v=\sqrt{2gr}$이 성립한다. 지구의 중력가속도 g는 매초 9.8미터고 반지름은 약 6400킬로미터이므로, 지구에서 탈출하는 속도 v는 다음과 같다.

$$v=\sqrt{2gr}=\sqrt{2\times9.8\times6400000}=\sqrt{125440000}=11200$$

국립항공우주박물관의 전시장.

국립항공우주박물관에 전시된 비행기, 우주선, 로켓 등은 대부분 모형이 아니라 실제 작동되는 것들이다. 이곳에 인류 최초의 비행기인 라이트 형제의 비행기와 아폴로 11호, 새턴 로켓도 전시되어 있다.

지구에서 탈출하는 속도는 초속 1만 1200미터다. 즉 속도가 초속 11.2 킬로미터 이상 되어야 로켓이 지구의 중력장을 벗어나 우주로 나아갈 수 있다. 한국 최초의 우주 발사체 로켓인 나로 호도 이 속도로 지구에서 벗어나는 데 성공해 지구의 타원궤도에 진입할 수 있었다.

미국의 첫 번째 주, 버지니아

아메리카 대륙은 1492년에 콜럼버스Christopher Columbus가 유럽인으로서는 처음으로 대서양 횡단 항해를 통해 탐험한 것으로 알려졌다. 그런데 그는 자기가 발견한 땅을 인도로 알았고, 그와 달리 아메리고 베스푸치Amerigo Vespucci라는 탐험가는 전에 모르던 신대륙이라고 믿어 자신의 이름을 따다 '아메리카'라고 소개했다. 이렇게 뱃길이 생기고 신대륙 탐험이 이어지며 대항해시대가 열려 유럽 식민주의자들이 아메리카 원주민들을 몰아내고 대륙을 차지했다.

북아메리카 신대륙에 최초로 발을 디딘 수학자는 아마 영국의 해리엇Thomas Harriot일 것이다. 그는 1585년에 신대륙 탐험과 지도 제작을 위해 영국 탐험대의 과학 고문으로서 북아메리카로 갔다. 그리고 '버지니아'라는 새로운 땅에 대한 관찰 보고서를 썼다. 1588년에 출판된 이 책을 토대로 영국이 북아메리카 최초의 식민지인 버지니아 주를 건설했다. 해리엇은 영국의 대수학을 발전시키는 업적을 많이 남겼으나 그의 연구 결과는 사후에야 알려졌다. 그를 신대륙 탐험대로 보낸 연구 후원자들이 나중에 정치적 이유로 투옥되거나 처형당하는 불운에 빠져 그의 연구도 발표되지 못한 것이다. 해리엇이 죽고 10년이 지난 1631년에야 출간된 《대수방정식 풀이에 응용되는 해석학적 기술Artis Analyticae Praxis ad Aequationes

애팔래치아산맥의 셰넌도어 계곡에서 자동차 도로를 따라 달리다 보면 빼어난 경관을 감상할 수 있다.

Algebraicas Resolvendas》은 방정식 이론을 발전시키고 새로운 수학기호를 만드는 업적을 남겼다. 미지수와 상수에 문자를 쓰고 '더 크다'와 '더 작다'를 나타내는 부등호(>, <)를 처음 만든 것이다. 레코드Robert Recorde가 만든 등호(=)도 해리엇을 통해 널리 쓰이게 되었다. 더욱이 그는 망원경을 만들어 혜성을 연구하고 갈릴레오와 별도로 목성의 위성들과 태양의 흑점을 발견하기도 했다.

아메리카 대륙의 첫 번째 주, 버지니아로 떠났다. 애팔래치아산맥을 경험하고 싶어서 버지니아 주 북부의 셰넌도어국립공원에서 캠핑을 하기로 했다. 셰넌도어 계곡은 남북전쟁 때 남부군의 요충지로 치열한 전투가 벌어진 곳이다. 약 240킬로미터나 되는 셰넌도어 계곡의 산등성이를 따라 차를 몰아 국립공원으로 향했다. 잘 닦인 자동차 도로가 국립공원 전체에 걸쳐 스카이라인을 형성하고 있었다. 산봉우리를 오르내릴 때마다 동부 지역의 여러 주가 넓게 내려다보이고 경관이 빼어나게 아름다웠다. 미국의 내륙 간선도로를 형성하는 이런 계곡 도로들은 원래 인디언들이 부족 간 이동에 이용하던 길이다.

루레이에서 석회암 동굴을 먼저 구경하고 캠핑장으로 향했다. 루레이 동굴은 수백만 년에 걸쳐 형성된 울긋불긋한 갖가지 종유석들로 눈이 휘둥그레질 만큼 장관이었다. 캠핑장으로 가는 길은 나무가 울창하고 야생화가 만발한 데다 사슴 같은 야생동물도 자주 나타났다. 새끼가 있는 흑곰 무리를 갑자기 만나기도 했다. 천천히 움직이는 자동차를 위협적으로 쏘아보던 어미 곰의 눈빛을 아직도 잊을 수가 없다. 캠핑장은 버지니아 주 경계의 초원에 자리했다. 버지니아 주는 독립 전쟁 당시 가장 큰 주로서 주도적 구실을 했으며, 워싱턴을 비롯한 건국 초기의 대통령 네 명을 배출했다. 그러나 노예 탄압이 심했던 이곳은 연방 탈퇴를 선언하고 4년간 진행된 남북전쟁에 앞장섰으며 주도인 리치먼드는 남부군의 수도가 되었다.

미국의 지도에 필요한 색깔의 수

미국은 독립할 때 버지니아를 비롯한 13주로 출발해 지금은 50주가 되었다. 1달러 지폐에 그려진 피라미드가 13층인 것이 바로 미국 초기 주의 수를 의미한다. 멕시코와 전쟁을 치르고 획득하거나 하와이처럼 합

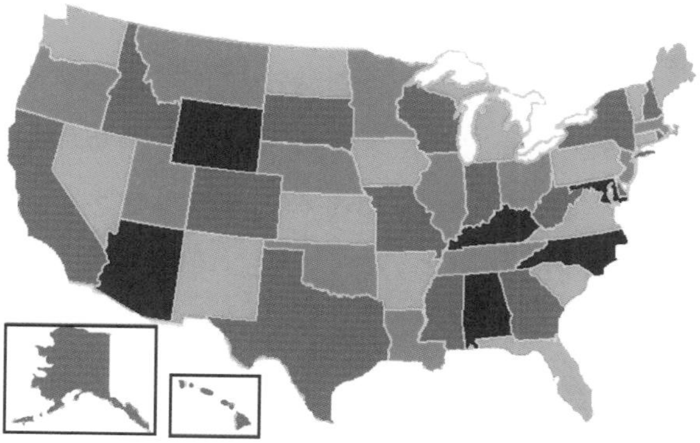

미국의 50개 주를 표시한 지도를 만들 때 네 가지 색만으로도 각 주가 구별되도록 색칠할 수 있다. 이 문제는 제기된 지 100년 만에 미국의 수학자들이 증명해 냈다.

병하고 알래스카처럼 돈을 주고 사기도 하면서 주의 수가 크게 늘었다. 50개나 되는 주를 다 기억하기도 벅차, 주 이름 모두 외우기 같은 놀이까지 있다.

미국의 지도는 대부분 각 주의 경계를 선이나 색깔로 표시해 쉽게 알아볼 수 있도록 만든다. 그런데 각 주가 구별되도록 색을 칠해 미국 지도를 만든다면 최소한 몇 가지 색이 필요할까? 모든 주를 다른 색으로 칠할 경우에는 많은 색이 필요해도, 경계를 접한 주들만 각각 다른 색으로 칠한다면 색깔의 수가 줄어들 것이다. 하지만 주의 수가 많아 고민이다. 이 문제는 유럽의 지도를 만들 때 먼저 제기되었다. 유럽에서는 전쟁과 영토 개척 등으로 각국의 국경이 새로 만들어지는 경우가 많아, 인쇄업의 발달과 더불어 지도 제작이 활발해졌다. 유럽은 여러 나라로 조각조

각 나뉘어 있어서, 국경을 나타내는 지도를 만들기 위해 나라마다 색을 다르게 칠한다. 그러다 보니 지도 제작자들이 비용을 절감하기 위해 지도에 쓰이는 색의 수를 줄일 방안을 궁리했다. 그럼 나라별로 색을 달리해 유럽 지도를 만들 때는 최소한 몇 가지 색이 필요할까?

답은, 네 가지 색만 있으면 충분하다. 미국도 네 가지 색만으로 50개 주의 경계를 표시한 지도를 만들 수 있다. 유럽이나 미국의 지도뿐 아니라 세계지도를 만들 때도 네 가지 색만 있으면 모든 나라를 구별해 색을 칠할 수 있다. 이 답은 런던대학에서 드모르간에게 배운 거스리Francis Guthrie가 알아냈고, 드모르간이 증명 방법을 찾기 위해 수학자 해밀턴William Rowan Hamilton에게 문의하면서 수학자들 사이에 이 '4색 문제'가 알려지기 시작했다. 수학자들은 아무리 경계가 복잡한 지도를 그려도 네 가지 색만 있다면 칠할 수 있다고 추론하면서 이를 증명하지는 못했다.

1878년에 수학자 케일리Arthur Cayley가 런던수학회에서 4색 이론을 제기해 위상수학 분야에서 연구되었다. 그러나 증명하지 못한 채 100년 넘게 연구가 이어졌다. 기존 난제들과 마찬가지로, 문제 자체는 간단하지만 증명 과정이 아주 복잡했던 것이다. 마침내 1976년에 컴퓨터를 이용해 네 가지 색만으로 충분하다는 것을 증명해 냈다. 미국 일리노이대학의 두 수학자 아펠Kenneth Appel과 하켄Wolfgan Haken이 모든 지도를 수학적인 차이에 따른 수많은 경우로 분류해 1936가지로 유형화하고 50만 개 이상의 논리적인 절차 과정을 통해 증명할 수 있었다. 물론 컴퓨터를 이용한 덕에 가능했다. 당시 대형 컴퓨터를 1200시간이나 가동하고 해낸 증명은 수백 쪽 분량이다. 결국 이것은 컴퓨터만 해결할 수 있는 첫 번째 수학 문제가 되었다. 하지만 이렇게 컴퓨터가 풀어낸 문제를 과연 증명된 것으로 볼지에 대해 부정적인 견해도 있다. 이 문제의 증명이 컴퓨터가 유형별로 검증해 보는 방식만 지루하게 진행될 뿐이므로 수학적으로 기여한 것은 별로 없다고도 한다. 기계가 아닌 인간의 추상적인 논증을 통한 좀 더 아름다운 증명이 과제로 남은 셈이다.

3
밀레니엄 시대의 수학 문제

미국과 캐나다의 국경, 나이아가라 폭포

뉴욕 주 서부 지역에서 캐나다와 미국 간 경계를 이루는 나이아가라 강에 거대한 폭포가 있다. 이 나이아가라 폭포는 강을 사이에 두고 미국과 캐나다에 각각 있으며 국경을 넘어 캐나다 지역에서도 폭포를 볼 수 있다. 자동차를 타고 일곱 시간 걸려서 나이아가라폴스 시에 도착했다. 폭포수 떨어지는 소리가 지축을 울리고 높이 솟구치는 물보라가 도시를 적시고 있었다. 장대한 폭포에 눈이 휘둥그레지며 감탄이 절로 나왔다. 수억 년 동안 암석 지층의 다양한 침식 활동으로 생긴 폭포가 대자연의 아름다움을 보여 준다.

나이아가라 강 한가운데 있는 고트 섬이 두 나라의 폭포를 이어 주고 있었다. 고트 섬 왼쪽의 굽은 폭포가 캐나다 온타리오 주에 있는 것이고 오른쪽 기슭에 있는 폭포가 미국 것이다. 양쪽 폭포의 높이는 비슷하게

뉴욕 주에 있는 나이아가라 강의 아메리카 폭포. 보트를 타고 거대한 폭포 가까이 가 볼 수 있는데, 나이아가라 폭포는 캐나다 쪽에 있는 말발굽 모양의 호스슈 폭포가 더 크다.

50미터 정도 되는데 너비는 다르다. 캐나다 쪽 폭포의 너비가 800미터 가까이 돼 미국 쪽 폭포 너비의 두 배가 넘는다. 배를 타고 폭포 가까이 가 보니 폭포에서 떨어지는 물줄기의 힘 때문에 배가 심하게 흔들리고 물보라 때문에 눈을 뜨기 힘들다. 비옷을 입어도 흠뻑 젖을 수밖에 없다. 폭포수 뒤편에서는 승강기를 타고 폭포 밑까지 내려가 볼 수도 있다. 나이아가라 강에 놓인 무지개라는 이름의 다리는 국경 구실을 해서, 이 다리를 건너 캐나다 쪽 폭포를 구경했다. 출입국 초소에서 여권을 보여 준 뒤 국경을 넘어 캐나다 폭포를 보는 식이었다. 캐나다로 넘어갈 때는 스탬프를 찍고 관문을 설렁설렁 통과했지만 미국 땅으로 다시 돌아올 때는 초소의 분위기가 삼엄한 가운데 여권 검사도 철저했다.

마침 단풍이 절정일 때 찾아가서 나이아가라 강과 폭포 주변이 더 아름다웠다. 단풍나무들로 온 산이 활활 불타는 것 같았다. 뉴욕 주를 비롯한 미국 동북부와 캐나다의 단풍은 색이 곱기로 유명하다. 수액으로 시럽까지 만드는데, 버몬트 주에서 생산된 메이플 시럽은 미국에서 최고로 꼽는다. 당연히, 메이플 시럽을 듬뿍 바른 팬케이크를 맛보고 메이플 시럽을 몇 병 사기도 했다. 규모가 있는 상점으로 갔더니 시럽 병에 바코드가 있어서 점원의 손놀림이 재빠르지 않아도 계산이 순조로웠다. 스캐너를 갖다 대자마자 물건값이 뜨고 거스름돈 계산도 척척 하니, 점원이 셈하느라 애쓸 필요가 없다.

전자계산기가 발명된 뒤로 계산 혁명을 이룬 것이 바코드다. 바코드를 발명한 덕에 상품 정보와 가격을 일일이 입력하지 않아도 되고 계산도 빨라졌다. 데이터를 빨리 처리할 수 있도록 만든 바코드는 검은색 막대, '바'와 흰색 공백의 조합으로 문자와 숫자 등을 표현한다. 스캐너가 바코드를 읽으면 검은색 막대는 대부분의 빛을 흡수하고 흰색 공백은 많은 양의 빛을 반사한다. 이것이 0과 1, 즉 이진법의 디지털 체계로 표현되고 바코드 막대들의 폭과 수에 따라 컴퓨터로 상품 정보가 처리된다. 흰색 바탕에 검은색 막대를 쓴 것은 빛의 반사를 효과적으로 이용해 스캔할 때 오류를 줄이기 위해서다. 또 막대의 배열은 0부터 9까지의 십진수를 나타내며 이 숫자는 바코드 아래쪽에 인쇄된다.

바코드의 발명과 체크 숫자

오늘날 전 세계에서 사용되는 바코드는 1930년대 미국 매사추세츠 주에서 한 식료품 도매상의 아들이 고안했다고 한다. 하지만 당시에는 경제성이 떨어져서 그가 제안한 시스템이 실현되지 못했고, 40년이 지난 1973년에야 미국 슈퍼마켓 위원회에서 바코드 사용을 결정했다. 식료품과 잡화에 가장 먼저 바코드가 부착되었는데, 상품 정보를 짧은 시간에 읽어 낸 덕에 계산대에서 기다리는 시간이 파격적으로 줄었다. 그래서 겨우 몇 년 만에 식료품 중 90퍼센트에 바코드가 붙었다. 바코드에 있는 값, 생산 업체, 품목, 종류, 수량 같은 정보를 컴퓨터로 처리하기 때문에 유통 과정이 빠르고 정확해진다. 미국 슈퍼마켓에서 성공적으로 쓰인 바코드를 유럽에서 1976년에 채택했고, 우리나라는 1980년대부터 국가 코드를 가지면서 각 제조 업체에 코드를 부여하고 있다.

미국에서 처음 사용된 바코드인 통일상품코드 UPCUniversal Product Code는 열두 자리다. 첫자리 숫자는 생산 품목, 두 번째부터 다섯 번째 자리는 제조 업체, 그다음 자리는 상품 코드, 마지막 자리는 체크 숫자다. 이 체크 숫자는 안전장치 구실을 해 오류를 방지한다. 우리나라는 열세 자릿수를 쓰는 유럽 방식을 따라 1988년부터 KANKorean Article Number을 채택하고 있다. 이 방식의 처음 세 자리 숫자는 국가 코드로, 우리나라는 880이다. 그다음 자리의 수들은 제조 업체와 상품 코드와 체크 숫자다. 체크 숫자는 홀수 번째 자리에 있는 수들의 합과 짝수 번째 자리에 있는 수들의 합에 3을 곱한 수를 더한 총합이 10의 배수가 되도록 해서 정한다.

$a_1\ a_2\ a_3$ 국가 코드 　 $a_4\ a_5\ a_6\ a_7$ 제조 업체 　 $a_8\ a_9\ a_{10}\ a_{11}\ a_{12}$ 상품 코드 　 a_{13} 체크 숫자

$$(a_1+a_3+a_5+a_7+a_9+a_{11})+3(a_2+a_4+a_6+a_8+a_{10}+a_{12})$$

한편 국제표준도서번호, 즉 ISBN은 책에 부여하는 국제적인 등록 번호다. 열 개의 수로 구성하거나 KAN 방식을 쓸 수 있으며 마지막 자리는 체크 숫자다. 국가 코드 대신에 978(정기간행물은 977)을 붙이고 체크 숫자는 KAN 방식으로 구한다. 《배낭에서 꺼낸 수학》은 ISBN이 978-89-5862-451-6이다. KAN 방식으로 계산한 값인 134가 10의 배수가 되려면 체크 숫자가 6이어야 했다.

$(9+8+9+8+2+5)+3\times(7+8+5+6+4+1)$

$=41+93=134$

134+체크 숫자(6) → 10의 배수

03410

9 788958 624516

ISBN 978-89-5862-451-6

신용카드 번호도 입력 오류를 방지하기 위해 바코드와 마찬가지로 체크 숫자를 쓴다. 신용카드의 자릿수는 카드 종류마다 좀 다르지만 체크 숫자를 구하는 계산 방식은 같다. 또 우리나라는 주민등록번호에도 체크 숫자를 쓴다. 열세 자리 수인 주민등록번호 중 앞의 여섯 자리는 생년월일이고, 다음 여섯 자리의 수는 성별·지역 코드·신고 번호의 순서로 정하며 마지막 자리는 앞의 수들에 따라 결정되는 체크 숫자다. 첫째 자리부터 각 자리의 수에 2부터 9까지, 그다음에는 2부터 5까지 순서대로 곱한 값을 모두 더하고, 그 합이 11의 배수가 되도록 체크 숫자를 정하는

상품의 바코드를 통해 계산하는 모습.

것이다. 예를 들어 주민등록번호가 970419−123456□일 때 각 자리의 수에 2부터 9까지 곱하기를 반복한 값을 더하면 222다. 이것이 11의 배수인 231이 되려면 9를 더해야 하니까, 주민등록번호의 마지막 자리는 9가 된다. 체크 숫자가 맞지 않으면 올바른 번호로 처리되지 않기 때문에 주민등록번호의 오용이나 위조를 방지할 수 있는 것이다.

970419−123456□

$(9\times2)+(7\times3)+(0\times4)+(4\times5)+(1\times6)+(9\times7)+(1\times8)+(2\times9)+(3\times2)+(4\times3)+(5\times4)+(6\times5)=222$

최근 바코드는 모양이 여러가지다. 1차원의 직선으로 된 바코드를 벗어나, 가로세로 방향의 2차원 평면으로 정보를 배열하거나 더 입체적인 바코드들도 개발해서 쓴다. 생산에서 판매까지 전 과정의 정보를 담은 초소형 칩을 상품에 부착하고 이것을 무선주파수로 추적, 판독해서 '전자태그'로 불리는 RFID도 상용화되고 있다. 도서관이나 사무실의 출입증과 티켓 등에도 바코드를 이용해 필요한 정보와 현황을 파악할 수 있다.

코드와 암호, 컴퓨터의 발전

현대사회는 모든 분야에서 자동화, 정보화와 함께 코드, 암호가 발달했다. 신용카드, 전자우편, 인터넷 뱅킹, 전자 상거래, 각종 전자 사이트 등 사회 전반에 걸쳐 정보를 보호하고 비밀을 유지하기 위해 암호가 쓰이며 다양하고 정교한 암호 방식이 개발되고 있다. 그리고 암호의 개발과 연구에 수학자들이 크게 기여하고 있다.

암호학은 수학의 여러 분야 중 정수의 성질을 연구하는 정수론을 응용한 분야로서 군론, 그래프이론, 확률론 등 다양한 분야의 수학 이론들이 필요하며 컴퓨터의 발명과 함께 급속도로 발전했다. 우리가 일상생활에서 가까이 이용하는 컴퓨터는 수학 없이는 개발 자체가 불가능하다. 컴퓨터에서 정보의 저장과 처리는 '0'과 '1'의 이진법을 이용한다. 라이프니츠가 발명한 이진법을 쓴 전기적 조작으로 컴퓨터가 탄생할 수 있었다. 전등에 불이 켜지면 1, 불이 꺼지면 0으로 대응시킨 이진법 체계로 정보를 저장하고 처리하는 것이다. 현대적인 컴퓨터는 2차세계대전 중 독일군의 암호를 해독하기 위해 튜링이 만든 전자식 암호 해독기 '콜로서스'와 미국의 '에니악Electronic Numerical Integrator And Calculator'에서 출발했다.

1946년에 미국 펜실베이니아대학교 수학자들이 개발한 에니악은 세계 최초의 전자식 컴퓨터로 알려졌다. 원래 포탄 공격의 정확도를 높이기 위한 탄도표를 만드는 데 쓰인 이 기계 덕에 탄도표를 만들기 위한 계산 시간이 20시간에서 30초로 줄었고 시간당 120가지 계산을 처리할 수

1946년에 만든 세계 최초의 '전자식 디지털 수학 적분 계산기'인 '에니악'은 방 하나를 차지할 크기였다.

있었다. 그런데 에니악은 진공관 스위치를 이용해 이진수를 나타내기 때문에 진공관 1만 7000개와 레지스터 7만 개, 스위치 6000개가 필요했으며 수많은 전선을 일일이 손으로 연결해야 사용할 수 있었다. 2.4미터 높이에 무게가 30톤이나 돼 웬만한 방에는 들여 놓지도 못할 정도였다. 이런 에니악의 단점은 헝가리 출신 수학자 노이만John von Neumann이 프로그램 기억 방식을 고안해 초고속 디지털컴퓨터를 제작하며 해결한다. 그의 컴퓨터는 내부 기억장치에 정보를 저장할 수 있어서, 데이터를 입력하고 처리한 뒤 저장하고 산출해서 출력해 낸다. 에니악이 탄생한 지 불과 3년 만에 에니악의 10분의 1 크기에 메모리 용량은 25배인 컴퓨터가 만들어졌다. 오늘날의 컴퓨터는 모두 노이만이 발명한 프로그램 기억 방식을 따른다. 초기 컴퓨터의 진공관은 트랜지스터로 바뀌고 반도체가 도입되었으며 소형화, 고성능화를 통해 마이크로컴퓨터가 실현되고 개인용 컴퓨터가 만들어졌다. 이제 컴퓨터는 계산기, 정보처리기를 넘어 그래픽, 통신, 영상과 접목되어 발전하고 있다.

튜링과 노이만이 창안한 컴퓨터는 인류의 발전을 가져온 디지털 혁명을 일으키며 20세기 중반 이후 현대인의 삶을 완전히 바꿨다. 수학의 이진법 원리에서 출발한 컴퓨터 기술은 밀레니엄 시대에 무한한 가능성을 발휘해 새로운 차원으로 발전을 거듭하고 있다. 특히 컴퓨터가 수학의 많은 영역에서 발전에 기여하고 있으며 어려운 문제들을 많이 해결했다. 힐베르트가 제시한 문제들도 많이 해결되어 이제 몇 가지만 남아 있다.

프린스턴의 아인슈타인과 괴델

뉴저지 주의 프린스턴에 미국 수학을 이끌어 온 프린스턴고등연구소가 있다. 밀스톤 강가에 자리한 프린스턴의 아인슈타인 길을 따라가면 이 연구소가 있는데, 상대성이론을 정리한 아인슈타인이 이 연구소와 집을 걸어서 오갔다. 그가 살던 하얀 이층집이 아직도 남아 있다.

연구소에서 가까운 거리에 미국에서 최고로 꼽히는 프린스턴대학이 있다. 페르마의 마지막 정리를 푼 와일즈 교수가 이 대학에 있는 동안 연구에 매달려 증명에 도달했다. 1700년대에 설립한 프린스턴대학교는 미국 북동부의 8대 명문 대학을 가리키는 아이비리그에 속하며 수학 분야가 특히 뛰어난 곳이다. 미국 독립전쟁 때는 이 대학 교정에서 치열한 교

울창한 숲 속에 자리한 프린스턴고등연구소에서 미국 최고의 과학자, 수학자 들이 학문에 몰두했다.

전 끝에 워싱턴이 영국군을 제압했고 대륙회의도 열렸다. 독립 전에 각 지역의 대표가 모여 만든 기구인 대륙회의가 바로 미국이라는 연방 국가의 탄생을 이끌었다.

1930년에 뉴저지의 한 사업가가 순수 과학을 위해 설립한 프린스턴고등연구소는 순수 학문 분야의 뛰어난 학자들이 강의나 연구 자금에 대한 걱정 없이 연구에 전념하는 곳으로 알려졌다. 연구소의 초창기부터 몸담은 아인슈타인과 노이만을 비롯해 수론에 기여한 독일 출신 수학자 지겔Carl Ludwig Siegel, 수학과 과학 전반에 걸쳐 업적을 남긴 바일Hermann Weyl, 원자폭탄 설계를 주도한 물리학자 오펜하이머John Robert Oppenheimer, 영화 〈뷰

프린스턴에서 각별한 사이였던 아인슈타인(왼쪽)과 괴델. 과학과 수학의 두 거인은 각각 20세기 최고의 이론인 일반상대성이론과 불완전성 정리를 발견했다.

티풀 마인드A Beautiful Mind〉의 실제 주인공 내쉬John Nash 등이 이 연구소에 있었다. 20세기 수학의 중요한 이론들이 프린스턴의 고등연구소에서 연구되고 발표된 만큼 노벨상이나 필즈상을 받은 수학자들이 많다. 물론 오랫동안 풀지 못하던 수학의 난제를 푼 수학자들도 있다.

프린스턴고등연구소를 대표하는 학자는 역시 아인슈타인이다. 잘 알려진 것처럼 20세기에는 아인슈타인이 과학혁명을 일으켰다. 18세기 이후 행성과 물체의 운동 등 우주의 모든 역학적 운동은 뉴턴의 《프린키피아》에서 다룬 운동의 법칙을 따랐다. 아인슈타인의 상대성 원리와 중력에 관한 이론들은 뉴턴의 이론을 넘어선 것으로 과학과 철학의 탐구에 혁명을 일으켰다.

한편 오스트리아 출신 수학자 괴델Kurt Godel도 1950년대부터 생애를 마친 1970년대 말까지 이곳에서 연구했다. 내성적인 성격 때문에 프린스턴에서 아인슈타인하고만 친숙하게 지냈다는 그는 '아무리 엄밀하고 논리적인 수학 체계라도 그 체계 내의 공리에 기초해 증명할 수 없거나 반증할 수 없는 문제가 있으므로 산술의 기본 공리들은 모순이 될 수도 있다'는 정리를 발표했다. 완벽하고 모순이 없다고 여기던 수론의 기본 공리도 모순적일 수 있다고 말한 이 정리는 수세기에 걸쳐 수학의 기본적인 공리 체계를 구축하려고 한 노력에 마침표를 찍어 버리기도 했다. '불완전성 정리'로 불리는 이 '괴델의 정리'는 1931년에 발표되어 20세기 수학에 큰 영향을 주었다. 괴델은 일반상대성이론과 연관된 논문에서 '과거로 가는 시간 여행'이 논리적으로 가능함을 증명해 세상을 또다시 놀라게 했다. 그가 제시한 가능성에 호킹이 '타임머신'을 더하면서 지구의 미래와 우주를 다루는 과학은 영화 같은 대중매체에서 관심을 갖는 소재가 되었다.

불완전한 현대사회에서 괴델의 이론적 영향력이나 철학적 파급력은 클 수밖에 없다. '불완전성 정리'는 수학에 한정되지 않고 물리학, 논리학, 컴퓨터 과학 등 다른 과학 분야와 철학, 경제학, 사회학 등에도 영향을 미친다. 괴델은 말년에 (많은 위대한 수학자가 그랬듯이) 신경쇠약과 망상으로 고생했고, 사람들이 자신을 독살하려고 한다고 여겨 아내가 해주는 음식만 먹었다고 한다. 결국 1978년에 아내가 입원한 동안 식사를 거부해 굶어 죽었다. 1999년에 《타임Time》지는 20세기 수학의 최고 성과로 괴델의 불완전성 정리를 선정했다.

프랑스의 천재 수학자 푸앵카레. 그가 제기한 이론이 '푸앵카레 추측'으로 불리며 밀레니엄 문제로 꼽혔다.

밀레니엄 시대의 수학 문제

힐베르트의 문제가 제시되고 정확히 100년이 지나 21세기를 여는 2000년, 미국의 클레이수학연구소CMI가 수학의 발전에 큰 영향을 줄 대표적인 미해결 문제 일곱 가지를 다시 선정했다. 그리고 문제를 풀 때마다 100만 달러를 지급한다고 발표했다. 이 문제들은 오랫동안 풀리지 않은 수학의 중요한 기본 문제로, 밀레니엄 문제라고 불린다. 밀레니엄 문제는 리만 가설, P 대 NP 문제, 버츠와 스위너톤 다이어 추측, 호지 추측, 네이비어 스톡스 방정식, 양 밀스 이론과 질량 간극 가설, 푸앵카레 추측 등이다. 많은 수학자들은 이 문제들을 해결하려고 노력하며, 그 과정에 수학을 발전시킬 새로운 이론이 발견되기도 한다.

마침내 2002년에는 러시아 수학자 페렐만Grigorii Perelman이 푸앵카레 추

푸앵카레 추측을 증명한 페렐만이 자신의 풀이를 설명하고 있다.

측을 풀었다. 이 문제는 100년 가까이 해결되지 못한 채 남아 있던 것이다. 푸앵카레는 문제의 증명 과정 없이 결론에 도달하는 직관이 뛰어난 수학자로 알려졌다. 그가 논문에서 증명 없이 추측을 하나 제기했는데, 이것이 푸앵카레 추측으로 불렸다. "닫힌 3차원 공간에서 모든 폐곡선이 수축되어 점 하나가 될 수 있다면, 이 공간은 반드시 구로 변형될 수 있다." 이 추론은 구멍이 없고 구형인 3차원 입체를 변형할 때 구의 특징이 모두 있다면 사실상 구로 변형될 수 있다는 것이다. 이를 지구와 같은 거대한 공으로 추측해 볼 수도 있다. 푸앵카레가 논문 끝에 남긴 '이 질문은 우리를 아득히 먼 곳으로 이끌 것'이라는 말처럼, 우주의 모양에 대한 상상을 불러일으키는 질문이 될 수도 있다. 이것은 3차원 다양체에 관한 간단한 추론 같았지만 100년 동안 많은 수학자가 매달려도 풀리지 않았

그라운드 제로에 541미터나 되는 프리덤 타워가 완공되었는데, 이 높이를 피트로 바꾸면 미국이 독립한 해인 1776이 된다. 한편 세계무역센터 건물이 있던 자리는 비워 두고 그 둘레에 9·11테러 희생자들의 이름을 새겨 넣었다.

다. 물론 100만 달러라는 상금이 걸리자 잘못된 증명들이 난무했다.

2002년 러시아 상트페테르부르크의 스테클로프 연구소에 있던 페렐만은 푸앵카레 추측에 관한 증명을 웹사이트에 올리는 기이한 방식으로 세상에 알렸다. 그리고 이듬해에 CMI가 있는 매사추세츠 주 케임브리지의 MIT 강당에서 그에 대한 강의를 했다. 이 증명에 평생 매달린 많은 수학자가 열광했다가 낙담도 한 순간이다. 논문에 대해 철저한 검증이 진행된 뒤 페렐만은 푸앵카레 추측을 푼 수학자로 인정받았다. 이제 푸앵카레 추측은 확고한 이론이다. 페렐만은 전 세계의 주목을 받으며 2006년 필즈상 수상자로도 선정되었다. 그러나 그는 푸앵카레 추측을 풀고 그것을 세상에 알리는 방식이 특이했던 것만큼 세상의 인정을 받는 데도 남달랐다. 그는 CMI의 상금을 받지 않고 필즈상 수상까지 거부해 시상식에 나타나지 않았다. 그는 "우주의 비밀을 풀었는데 100만 달러가 무슨 필요가 있겠는가?"라고 말하며 수학계의 최고 대우를 거부한 채 잠적해 버려 은둔의 수학자로 불린다. 그는 지금 내로라하는 대학과 연구소를 모두 물리치고 상트페테르부르크의 허름한 아파트에서 어머니와 어렵게 생활하고 있다. 산속에서 버섯을 따며 사는 게 가장 행복하다는 그는 현대의 가장 위대한 수학자이자 괴짜가 아닐까?

뉴욕으로 돌아와 배를 타고 허드슨 강의 경치를 즐겼다. 강물 위로 포물선을 늘어뜨린 다리와 맨해튼의 풍경이 정말 아름다웠다. 배가 거대한 자유의 여신상이 있는 섬을 돌고 나니 강 건너 우뚝 솟은 맨해튼의 초고층 빌딩들이 한눈에 들어왔다. 9·11테러 전에 뉴욕을 방문해 트윈 빌딩 꼭대기에서 뉴욕의 전망을 즐긴 기억도 떠올랐다. 1940년대에 세계 최초로 원자폭탄을 만든 미국 정부의 연구 계획이 '맨해튼 프로젝트'다. 이 계획은 아인슈타인의 권고로 시작됐는데, 그는 계획의 막바지에 불참하고 다른 과학자들과 원자폭탄 사용을 막는 운동을 벌였다. 하지만 원자폭탄은 일본 땅에 떨어졌고 '그라운드 제로' 현장이 생겼다. 그리고 밀레니엄 시대 맨해튼에 '그라운드 제로'의 현장이 다시 생기고 말았다.

배는 옛 이민국 심사소가 있던 엘리스 섬에도 잠시 들렀다. 대서양을 건넌 사람들이 이 섬을 거쳐 미국으로 몰려들었다. 이민자들에게 기회의 땅이던 미국은 짧은 역사를 딛고 세계 최대 강국이 되었다. 밀레니엄 시대에도 미국은 여전히 세계의 정치, 경제, 군사, 과학, 예술 등 많은 부분을 움직이고 있다. 미국의 과학자와 수학자 들은 미래 사회를 움직일 첨단 과학의 발전에도 분명히 큰 몫을 할 것이다. 많은 수학적 착상과 모델이 사회에 활용되고 우리 생활 속에서 쓰일 것이다. 수학자들의 무한한 상상력으로 인류의 미래를 이끌 새로운 이론이 탄생할 수도 있다. 지금까지와 마찬가지로 수학은 미래 사회에도 인류의 발전에 기여할 것이다. 지구상에 그라운드 제로가 더는 생기지 않기를, 모든 학문의 발전이 인류의 불행이 아닌 행복을 가져다주는 데 쓰이기를 바란다.

y=x 1
1/2
R = a / 2sin α
∛4
Y = (2-x)/(3+x²)
Y = √(2x - 8)

1614	네이피어가 로그 발명, 〈놀라운 로그 체계의 성질〉 발표
1621	오트레드가 계산자를 발명
1624	브리그스가 《로그 산술》 출간, 상용로그표를 작성
1631	오트레드가 《수학의 열쇠》 출간
1637	데카르트가 《방법서설》 출간, 부록 〈기하학〉에서 해석기하학을 창시
	페르마가 디오판토스 《산수론》의 여백에 페르마의 마지막 정리를 서술
1639	데자르그가 원뿔곡선에 관한 논문 발표
1642	파스칼이 최초의 기계식 계산기 발명
1644	메르센이 메르센 소수를 발표
1654	파스칼이 〈수삼각형론〉 발표
	파스칼과 페르마가 확률론을 창시
1655	월리스가 《무한의 수론》 저술
1657	하위헌스가 확률론에 관한 최초의 논문 발표
1665	뉴턴이 유율법을 통해 미적분학을 최초로 발견
1679	뉴턴이 만유인력의 법칙 증명
1684	라이프니츠가 미적분학 논문을 최초로 발표
1687	뉴턴이 《자연철학의 수학적 원리(프린키피아)》 완성
1736	오일러가 그래프 이론의 시초가 되는 한붓그리기 발견
1742	골드바흐가 가설(골드바흐의 추측)을 제기
1751	오일러가 다면체 공식 발표
1765	몽주가 화법기하학을 창시
1794	르장드르가 《기하학 원론》 저술
1795	가우스가 최소제곱법 발견 (1805년 르장드르가 최초로 발표)
1796	가우스가 정17각형의 작도 문제를 증명
1797	가우스가 대수학의 기본 정리를 증명

	라그랑주가 《해석함수론》 출간
1801	가우스가 정수론을 쓴 《산술 연구》 출간
1822	퐁슬레가 《도형의 사영 성질에 관하여》 발표
	푸리에가 《열 해석 이론》 출간, 푸리에 급수 발표
1824	아벨이 5차방정식을 대수적으로 풀 수 없음을 증명
1829	로바쳅스키가 비유클리드 기하학에 관한 논문을 최초로 발표
	보여이가 비유클리드 기하학을 발견(1829)하고 1832년에 발표
1832	갈루아가 5차 이상의 고차방정식의 해법과 군론을 제시한 갈루아 이론을 발표
1843	해밀턴이 사원수(4차원 수)를 창안
1854	리만이 리만기하학을 발표
	불이 불대수를 발표하고 기호논리학을 수립
1858	뫼비우스가 뫼비우스의 띠를 발견
1859	리만이 리만 가설을 발표
1880	벤다이어그램 창안
1882	클라인이 클라인 병을 제시
1895	칸토어가 《초한적 집합론의 기초에 대한 기여》 저술, 집합론을 창시
1900	힐베르트가 20세기의 중요한 수학 문제 23개를 제시
1905	아인슈타인이 특수상대성이론을 발견, 질량과 에너지의 관계식 제시
1913	화이트헤드와 러셀이 《수학 원리》 3권을 완성
1931	괴델이 불완전성 정리를 증명
1936	튜링이 컴퓨터 기계의 원형이 된 튜링 기계를 고안
	필즈가 필즈상을 창설
1946	전자식 디지털 수학 적분 계산기 '에니악' 개발
1963	로렌츠가 나비효과와 카오스 현상을 설명한 논문 발표
1975	망델브로가 프랙털 이론을 발표
1976	4색 이론이 컴퓨터로 증명됨
1995	와일즈가 페르마의 마지막 정리를 증명
2000	클레이수학연구소가 밀레니엄 수학 문제 7개를 선정
2002	페렐만이 푸앵카레 추측을 증명

| 찾아보기 |

/ ㅍ /

/ ㅎ /

수학에서 꺼낸 여행

1판 1쇄 발행일 2016년 3월 21일
1판 6쇄 발행일 2021년 5월 10일

지은이 안소정

발행인 김학원
발행처 (주)휴머니스트출판그룹
출판등록 제313-2007-000007호(2007년 1월 5일)
주소 (03991) 서울시 마포구 동교로23길 76(연남동)
전화 02-335-4422 **팩스** 02-334-3427
저자·독자 서비스 humanist@humanistbooks.com
홈페이지 www.humanistbooks.com
유튜브 youtube.com/user/humanistma **포스트** post.naver.com/hmcv
페이스북 facebook.com/hmcv2001 **인스타그램** @humanist_insta

편집주간 황서현 **편집** 최윤영 이보람 김정민 **디자인** 김태형 유주현
일러스트 이림니키(www.elimniki.net) **용지** 화인페이퍼 **인쇄** 청아문화사 **제본** 정민문화사

ISBN 978-89-5862-992-4 03410